I0035296

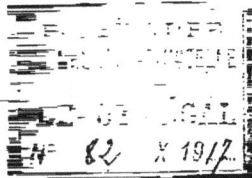

P. PHILIPPOT

LIEUTENANT AU 4ᵉ RÉGIMENT DE ZOUAVES

TOPOGRAPHIE DE CAMPAGNE

TOME II

A L'USAGE DE

L'OFFICIER DE RENSEIGNEMENTS

AVEC 143 FIGURES ET 1 PLANCHE

BERGER-LEVRAULT, LIBRAIRES-ÉDITEURS

PARIS	NANCY
5-7, RUE DES BEAUX-ARTS	RUE DES GLACIS, 18

1918

Prix : 5 francs net.

TOPOGRAPHIE DE CAMPAGNE

TOME II

A L'USAGE DE

L'OFFICIER DE RENSEIGNEMENTS

DU MÊME AUTEUR

———

TOPOGRAPHIE DE CAMPAGNE

———

TOME I

A L'USAGE DU

CHEF DE SECTION

1918. Un volume in-8, avec 124 figures et 4 planches.

Prix : **5** *fr. net.*

P. PHILIPPOT

LIEUTENANT AU 4ᵉ RÉGIMENT DE ZOUAVES

TOPOGRAPHIE DE CAMPAGNE

TOME II

A L'USAGE DE

L'OFFICIER DE RENSEIGNEMENTS

AVEC 143 FIGURES ET 1 PLANCHE

BERGER-LEVRAULT, LIBRAIRES-ÉDITEURS

PARIS | NANCY
5-7, RUE DES BEAUX-ARTS | RUE DES GLACIS, 18

1918

POUR LES OFFICIERS DE RENSEIGNEMENTS

—

TOPOGRAPHIE DE CAMPAGNE

—

CERCLE DE VISÉE — BOUSSOLE — PLANCHETTE — ALIDADE
NIVELATRICE — RÈGLE GRADUÉE

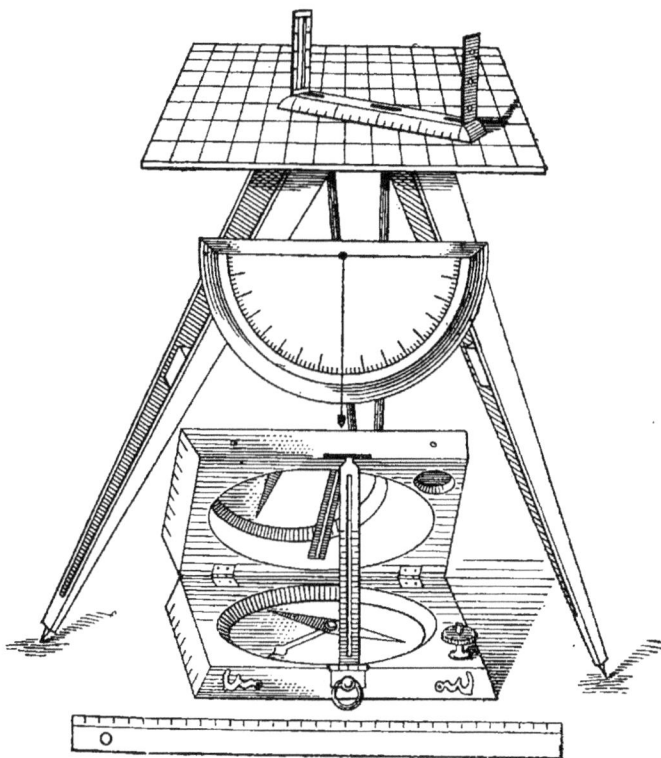

AVANT-PROPOS

En rédigeant ces notes j'ai eu pour but de m'adresser tout spécialement aux officiers et aux sous-officiers de renseignements, tous actifs, ayant de l'initiative et du cran, mais souvent timides et hésitants devant les instruments mis à leur disposition par le haut commandement, arsenal d'aspect un peu rébarbatif et par trop imposant, ainsi que je l'ai souvent entendu dire par de jeunes camarades.

J'ai voulu leur démontrer, par de nombreux exemples, qu'un officier, alors même qu'il aurait presque complètement perdu de vue les premières notions de mathématiques acquises à l'école, peut rapidement se familiariser avec ses instruments et facilement en tirer le maximum de rendement : un cercle de visée, une alidade nivelatrice bien maniés et bien utilisés, un renseignement précis adressé en temps utile à l'artillerie, peuvent causer à l'ennemi autant, sinon plus, de mal qu'une mitrailleuse ou une batterie de V. B.

Mon but a donc été de réduire au minimum les exposés et les discussions théoriques, d'être pratique, simple et clair et de supprimer les mécomptes, les hésitations et les fausses manœuvres des premières opérations ; j'ai voulu donner à l'officier de renseignements qui débute confiance en lui-même, lui faciliter la tâche qui lui incombe, et le mettre ainsi en mesure de prendre largement sa part dans l'effort total et suprême, résultante de tous les efforts particuliers, qui nous conduira à la victoire définitive, à l'écrasement de l'envahisseur abhorré.

Je serais largement récompensé de ma peine, si j'y avais réussi.

TOPOGRAPHIE DE CAMPAGNE

OFFICIERS DE RENSEIGNEMENTS

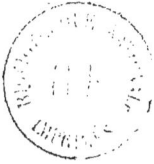

CHAPITRE I

LES INSTRUMENTS

La liste des instruments de topographie mis à la disposition des états-majors de régiment ou de bataillon comprend :

1° Un cercle de visée gradué en millièmes et son alidade support de jumelle ;

2° Une boussole Peigné, graduée en millièmes ;

3° Un rapporteur en millièmes ;

4° Une planchette de 33 × 33 ou 40 × 40 ;

5° Une alidade nivelatrice ;

6° Un déclinatoire ;

7° Une règle graduée.

Le but de l'étude qui va suivre est de préciser par de nombreux exemples le parti qu'un officier de renseignements peut tirer des instruments mis à sa disposition ; mais il convient tout d'abord de revenir sur quelques définitions.

1° *Angles horizontaux :* ou angles mesurés dans le plan horizontal.

Angles verticaux : ou angles mesurés dans le plan vertical.

a) Soit un plan horizontal H.

L'angle AOB dont les côtés sont des horizontales du plan horizontal H, est un angle horizontal, ou un angle mesuré dans le plan horizontal.

Faisons passer un plan vertical V par l'horizontale OA et un plan vertical V' par l'horizontale OB; OC est l'intersection des deux plans V et V'. Tous les angles dont le sommet est sur cette intersection et dont les côtés sont des droites du plan V et du plan V' se projetteront suivant l'angle AOB, quelle que soit l'inclinaison de leurs côtés [1].

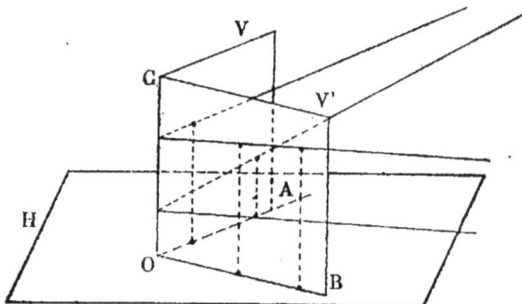

Fig. 1.

Les deux plans V et V' qui se coupent suivant la droite OC forment un angle dièdre qui a pour mesure l'angle plan AOB. Tous les angles formés par des droites situées respectivement l'une dans le plan V, l'autre dans le plan V', se projettent suivant l'angle AOB.

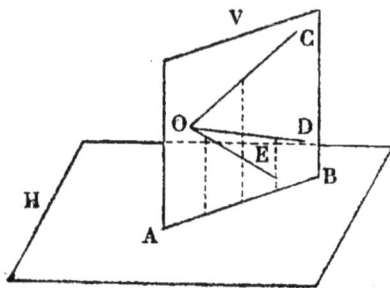

Fig. 2.

b) Soit un plan vertical V, c'est-à-dire un plan perpendiculaire au plan horizontal H. Tous les angles formés par des droites de ce plan qui se coupent, se projettent suivant l'intersection AB.

[1] *Topographie de campagne*, t. I, nº 44.

Ces angles sont dits angles verticaux ou angles mesurés
dans le plan ver-
tical. Un angle
vertical se pro-
jette suivant l'ho-
rizontale.

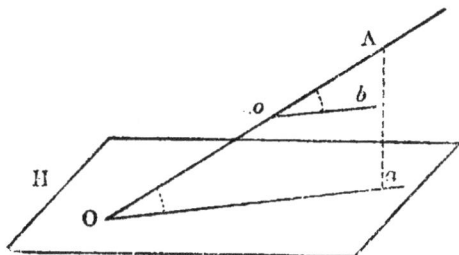

Fig. 3.

c) On appelle
angle de pente ou
angle d'inclinai-
son d'une obli-
que, l'angle que
cette oblique fait avec le plan horizontal ; ou, ce qui revient
au même, l'angle que cette oblique fait avec sa projection
sur l'horizontale.

AO*a* est l'angle de pente de l'oblique AO.

AO*a* = AO*b*.

2° *Azimut* (¹). — L'azimut d'une direction OA est l'angle
que cette droite fait avec
la direction du nord ma-
gnétique (fig. 4).

a) Les azimuts sont
comptés de gauche à
droite, du nord en allant
vers l'ouest ; en sens contraire à celui de la mar-
che des aiguilles d'une
montre.

Azimut OA = 40°.

Azimut OB = 295°
(fig. 4).

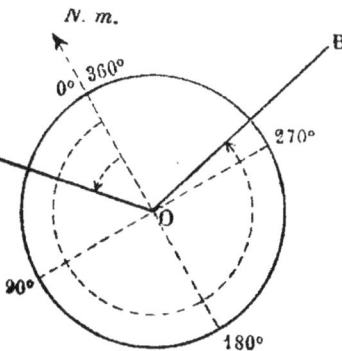

Fig. 4.

b) On peut marcher, sur la droite AB, de A en B ou de B
en A ; par suite, pour une même droite deux directions
opposées, AB et BA. L'azimut de AB et l'azimut de BA
diffèrent de 180° (fig. 5).

---

(1) *Topographie de campagne*, t. I, n°ˢ 14 à 16.

Azimut AB = 262°
Azimut BA = 82°
Différence : 180°

c) L'angle de deux droites est égal à la différence de leur azimut quand cette diffé-rence est inférieure à 180°; si la différence est supérieure à 180° il faut la retrancher de 360° (fig. 6).

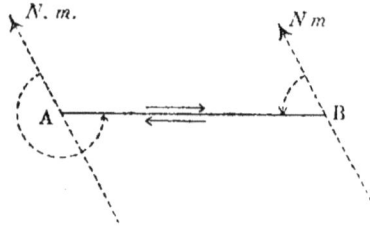

Fig. 5.

Angle AOB = azimut OB — azimut OA.

Angle COD = 360° — (azimut OD — azimut OC).

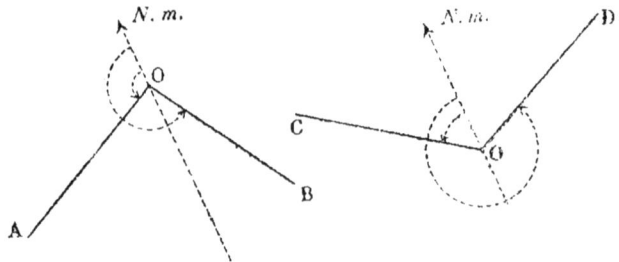

Fig. 6.

3° *Mesure des angles*. — Deux diamètres perpendicu-laires divisent une circonférence en quatre quadrants, ou quatre angles droits (fig. 7).

La circonférence a été divisée :

a) En 360 parties égales appelées degrés. Le degré **vaut** 60 minutes; la minute vaut 60 secondes;

b) En 400 parties égales appelées grades; le grade est divisé en dixièmes et en centièmes de grade;

c) En 6.400 parties égales, appelées millièmes; le mil-lième n'a pas de sous-multiples.

Tout angle a la même mesure que l'arc intercepté par ses côtés sur une circonférence décrite de son sommet avec un rayon quelconque.

L'angle AOB a la même mesure que les arcs *ab*, AB ; ces arcs peuvent être évalués en degrés, grades ou millièmes (¹).

Un angle droit vaut 90 degrés, 100 grades, 1.600 millièmes.

Le degré, le grade et le millième sont donc

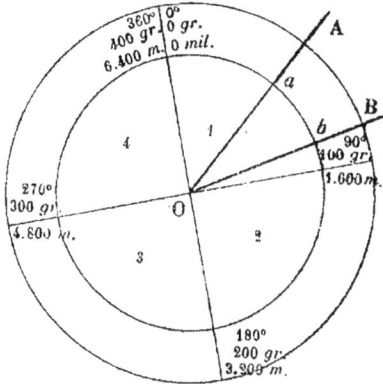

Fig. 7.

des unités de mesure d'angle ; il est facile de passer de l'une à l'autre (fig. 7).

Le millième est employé en artillerie.

4° *Classification des instruments :*

Les angles horizontaux sont donnés :

1° en millièmes par le cercle de visée ;
2° en millièmes par la boussole Peigné ;
3° en degrés par la boussole ordinaire ;
4° graphiquement par la planchette ;
5° par le rapport de deux longueurs avec la règle graduée.

Les angles verticaux sont donnés :

1° en millièmes par le cercle de visée transformé en niveau à perpendicule ;
2° en millièmes par le perpendicule de la boussole Peigné ;
3° par le rapport de deux longueurs avec l'alidade nivelatrice ;
4° par le rapport de deux longueurs avec la règle graduée.

(¹) *Topographie de campagne*, t. I, n° 43.

On remarque tout de suite que si l'officier de renseignements dispose de moyens assez nombreux pour mesurer un
angle, dans le plan vertical ou dans le plan horizontal, il
n'a à sa disposition aucun instrument propre à mesurer les
longueurs; c'est qu'en topographie de campagne les
mesures directes de longueurs sont toujours effectuées en
comptant les doubles pas; de là découle l'obligation pour
chaque opérateur d'étalonner soigneusement son pas, c'est-
à-dire de déterminer exactement combien il fait de doubles
pas pour couvrir 100 m [1].

Il sera fort utile cependant d'avoir dans sa musette un
ruban décamètre, ou tout au moins un mètre pliant qui,
dans certains cas particuliers que nous examinerons plus
loin, peuvent être utilement employés.

5° *Groupement des instruments.* — Les opérations de
topographie qu'un officier de renseignements peut avoir à
effectuer portent sur la planimétrie et sur le nivellement;
les opérations de planimétrie exigent la mesure d'angles
horizontaux; les opérations de nivellement la mesure
d'angles verticaux; suivant la nature du terrain, le but à
atteindre, la proximité de l'ennemi et bien d'autres circonstances que nous aurons à examiner, il devra faire un choix
raisonné des instruments à employer; on peut les classer
en quatre groupes :

1er groupe :
{ Le pas pour les longueurs;
{ La boussole pour les angles horizontaux;
{ Un niveau à perpendicule ou un niveau de for-
   tune pour les angles verticaux.

2e groupe :
{ Le pas pour les longueurs;
{ La règle graduée pour les angles horizontaux et
   les angles verticaux.

3e groupe :
{ Le pas pour les longueurs;
{ Le cercle de visée pour les angles horizontaux
   et verticaux.

_____

(1) *Topographie de campagne*, t. I, nos 10-11.

4ᵉ groupe :
- Le pas pour les longueurs ;
- La planchette et son déclinatoire ;
- L'alidade pour les angles horizontaux ;
- L'alidade nivelatrice pour les angles verticaux.

Les deux premiers groupes seront le plus souvent utilisés au contact de l'ennemi ; le troisième groupe, qui comprend un instrument robuste et précis, pourra être utilisé en toutes circonstances, dans les zones défilées comme en premières lignes.

L'utilisation du 4ᵉ groupe est plus restreinte, car « malheureusement l'emploi de la planchette reste limité aux observatoires couverts ou aux points défilés aux vues de l'ennemi, l'usage de l'alidade obligeant l'opérateur à se montrer à mi-corps » ([1]).

([1]) Service géographique de l'Armée. — Éléments de topographie à l'usage des officiers de renseignements. S. G. A.

CHAPITRE II

DESCRIPTION ET USAGE DES INSTRUMENTS

La boussole.

« Elle se compose d'une boîte, d'un couvercle et d'une tige à charnière; au fond de la boîte est un cercle gradué en millièmes. Au centre de ce cercle, un pivot sur lequel une aiguille aimantée peut tourner; un frein permet d'amortir les oscillations de l'aiguille et un bouton moleté de la fixer dans une position déterminée.

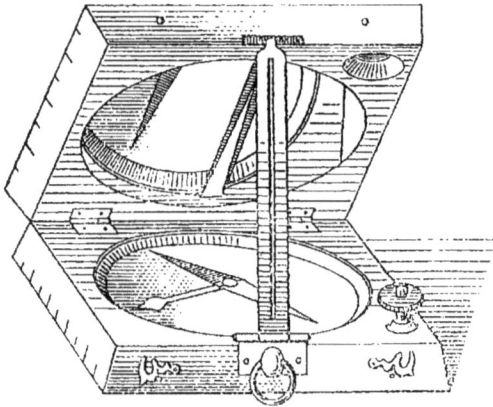

Boussole alidade « Peigné ».

Fig. 8.

« Le couvercle porte une glace qui présente une fenêtre sur laquelle sont tracés deux traits formant pinnule objective. La tige-charnière présente une fente qui forme pinnule oculaire; un côté de la boîte et du couvercle portent un biseau gradué en millimètres.

« Un perpendicule est placé dans la boîte au-dessous de

l'aiguille et peut osciller devant une graduation qui donne les pentes quand le cadran est tenu verticalement. » (Service géographique de l'Armée.)

La boussole donne par la différence des azimuts l'angle de deux droites quelconques projeté sur le plan horizontal,

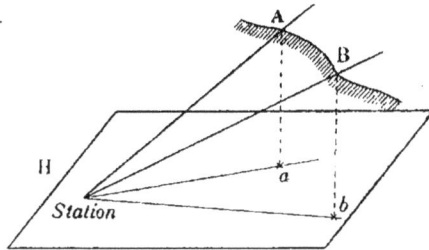

Fig. 9.

et par suite elle sert à mesurer les angles horizontaux.

Le limbe de la boussole est gradué en millièmes dans le sens de la marche des aiguilles d'une montre ; les azimuts étant comptés en sens contraire, il en résulte que la pointe bleue de l'aiguille indique di-

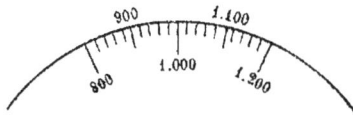

Fig. 10.

rectement le nombre de millièmes mesurant l'azimut de la droite allant du point de station au point visé.

Les graduations portées sur le limbe correspondent à 20 millièmes. On peut donc déterminer un angle à 20 millièmes près.

Le perpendicule permet de mesurer l'angle de pente d'une oblique allant du

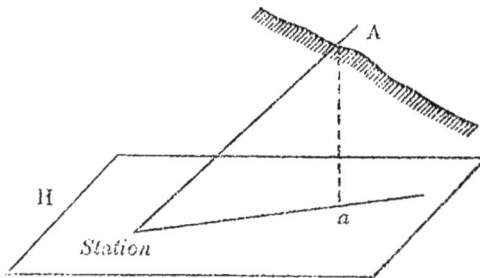

Fig. 11.

point visé au point de station, avec la même approximation de 20 millièmes.

La boussole « Peigné » sert aux mêmes usages que la

boussole ordinaire en permettant une plus grande précision dans les opérations :

« Parce que son aiguille est plus longue (7 cm au lieu de 4);

« Parce que, grâce à la tige-charnière et à la fenêtre du couvercle, on peut viser littéralement un point éloigné comme avec un fusil et mettre par conséquent l'aiguille de la boussole dans la direction de ce point avec une précision égale à celle avec laquelle un bon tireur dirige son arme. » (S. G. A.)

La règle graduée.

Une règle plate de 30 à 40 cm de longueur graduée en millimètres, d'un usage courant dans le commerce ([1]).

La règle est percée d'une ouverture permettant de fixer un cordonnet d'une longueur de 50 cm très exactement mesuré. A l'autre extrémité du cordonnet est fixé un bouton que l'on peut tenir dans la bouche de telle façon que la règle mise en place pour la visée soit toujours placée à 50 cm de l'œil.

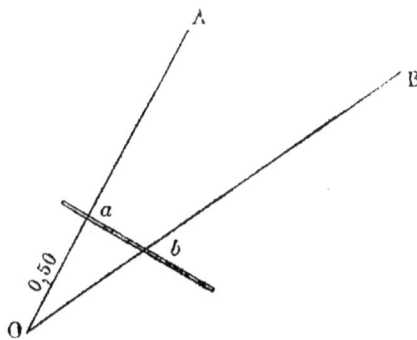

Fig. 12.

La règle graduée sert à mesurer des angles verticaux et des angles horizontaux.

Pour mesurer dans le plan horizontal l'angle de deux directions OA et OB, se placer en O, faire face à l'un des points : A par exemple ; marquer sur la réglette les divisions correspondant aux visées OA et OB, soit en *a* 125 mm et en *b* 223 mm.

([1]) *Topographie de campagne*, t. I, n° 26 *bis*.

Dans le triangle rectangle Oab nous avons le rapport

$$\frac{ba}{aO} = \frac{0,223 - 0,125}{0,50} = \frac{0,098}{0,50},$$ rapport qui permet de me-

surer l'angle AOB.

Pour exprimer ce rapport sous une forme plus commode, multiplions les deux termes par 2.000 ; nous obtiendrons :

$$\frac{0,098}{0,50} = \frac{186}{1.000}.$$

Donc, pour exprimer le rapport de la longueur ab va-riable avec l'angle et de la longueur constante Oa égale à 50 cm, il suffit de multiplier par 2 et de diviser par 1.000 le nombre de millimètres lu sur la règle graduée.

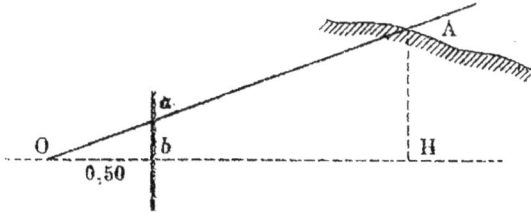

Fig. 13.

Pour mesurer avec la règle l'angle de pente de l'oblique allant de la station au point visé, on placera la règle verti-calement à 50 cm de l'œil ; on lira sur la réglette les divi-sions marquées par la visée OA et la visée horizontale OH, soit en a 325 mm, en b 122 mm.

Nous avons $$\frac{ab}{Ob} = \frac{0,325 - 0,122}{0,50} = \frac{406}{1.000},$$ rapport qui

mesure l'angle de pente AOH.

Il faut se garder de confondre cette manière d'exprimer un angle par une fraction dont le dénominateur est 1.000 avec celle adoptée par l'artillerie pour évaluer un angle en millièmes [1].

Soit le triangle rectangle isocèle AOB (fig. 14).

$$AO = OB$$

(1) *Topographie de campagne*, t. 1, nº 43

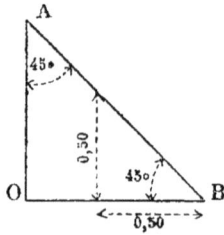

Fig. 14.

Les angles $\hat{A}$ et $\hat{B}$ valent 45°.

Donc l'angle ABO vaut $\frac{1}{2}$ quadrant ou 45° (degrés), 50 grades, 800 millièmes.

Il est également exprimé par le rapport :

$$\frac{0,50}{0,50} = \frac{1.000}{1.000}.$$

Le cercle de visée.

« Le cercle de visée est un instrument destiné à la mesure des écarts angulaires horizontaux ; il se compose :

« D'une planchette demi-circulaire en chêne portant sur

Fig. 15.

la face intérieure une plaque de fixation permettant de la monter sur un pied de planchette topographique ;

« D'un rapporteur en zinc de 33 cm de diamètre (en millièmes) au centre duquel est placé un axe conique en laiton ;

« D'un niveau sphérique permettant de rendre le cercle de visée horizontal ;

« D'un support de jumelle avec index qui tourne autour de l'axe du cercle de visée ; il permet de pointer la jumelle en hauteur comme en direction. Le support de la jumelle peut recevoir les principaux modèles de jumelle avec micromètre ou réticule en usage (Huet, Krauss, J. Huet, Afsa, Lemaire, Fournier, Colmont, etc.). Le cercle est mis en place comme une planchette. Soigner l'horizontalité. » (S. G. A.)

Mesure des angles horizontaux. — Soit à mesurer l'angle AOB.

Mettre le cercle en station

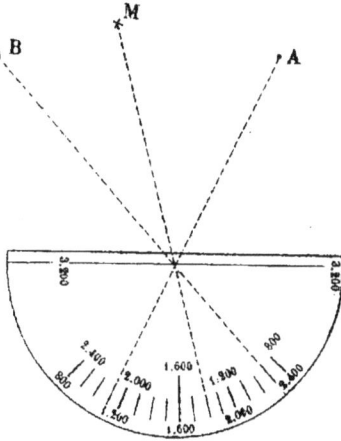

Fig. 16.

en O, assurer l'horizontalité à l'aide du niveau sphérique ; viser A et marquer la graduation où s'arrête l'index, soit 1.100 ; viser B, marquer la graduation correspondante 2.3oo. L'angle AOB est de :

$$2.3oo - 1.1oo = 1.2oo \text{ millièmes.}$$

« Le cercle de visée permet de prendre la direction d'un point par rapport à une direction connue du paysage, alors que la boussole donne la direction par rapport à celle du nord magnétique. » (S. G. A.)

Soit M le point du paysage choisi comme repère ; viser M,

marquer la graduation où s'arrête l'index : 1.800 ; viser A,
marquer la graduation, soit 1.100 ; A est à :

1.800 — 1.100 = 700 millièmes à droite du repère M.

De même B est à :

2.300 — 1.800 = 500 millièmes à gauche du point de
repère M.

Les graduations du rapporteur correspondent à 10 millièmes.

On peut facilement lire la moitié d'une division ; par
conséquent la lecture d'un angle peut se faire à 5 millièmes près.

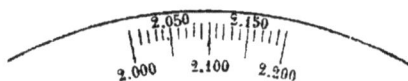

Fig. 17.

Le cercle de visée donne donc, même
sans vernier, un angle à 5 millièmes près et par suite une
approximation quatre fois supérieure à celle de la boussole
« Peigné ».

Angles verticaux. — Le cercle de visée peut être aisé-
ment transformé en niveau à perpendicule. Il suffit de fixer
sur l'axe conique en laiton, au moyen d'une simple boucle,
un petit fil à plomb.

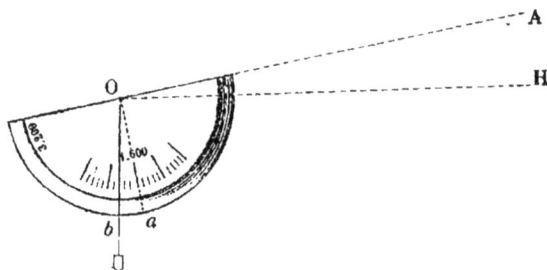

Fig. 18.

Le cercle est ainsi transformé en un excellent niveau à
perpendicule donnant les angles de pente à 5 millièmes
près.

$$AOH = aOb.$$

Il faut remarquer que le cercle de visée est un instrument solide et robuste, facilement transportable.

Habituellement il est employé monté sur le pied de la planchette ; mais on peut facilement se passer de cet auxiliaire un peu encombrant, en plaçant le cercle de visée sur la crête d'un talus, entre deux branches d'arbre, sur une borne, sur un tronc d'arbre coupé près du sol, sur une motte de terre, etc. ; la seule condition à remplir est que le cercle soit horizontal, condition qu'il est toujours facile de réaliser grâce au petit niveau sphérique ; on peut faire des visées dans les deux plans, debout, à genou, couché sur le sol en s'appuyant sur les coudes.

En raison de sa précision, de son emploi facile, le cercle de visée doit être l'instrument préféré quand on travaille au contact de l'ennemi.

L'officier de renseignements, disent les instructions réglementaires, doit *toujours* avoir sa boussole sur lui de manière à pouvoir faire soit un recoupement, soit un tour d'horizon sommaire au cours de ses reconnaissances ; il conviendrait, à mon avis, d'ajouter *et son cercle de visée* qu'il peut toujours placer dans sa musette avec son alidade support de jumelle.

L'alidade nivelatrice et la planchette.

L'alidade nivelatrice se compose essentiellement d'une règle en buis, de deux pinnules tournant autour de charnières fixées aux extrémités de la règle et d'un niveau à bulle d'air encadré dans le bois de celle-ci. L'une des pinnules, la pinnule oculaire, est percée de trois œilletons ; l'autre, la pinnule objective, porte une fenêtre longitudinale au milieu de laquelle est tendu un crin.

Le bord de la règle est taillé en biseau et est gradué en millimètres.

L'alidade doit être employée avec la planchette ; en réalité la planchette sert simplement de support à l'alidade et porte la feuille de papier sur laquelle le dessin doit être établi.

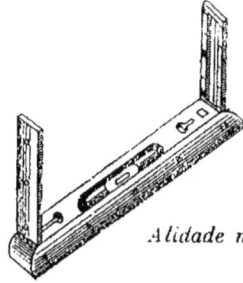

Alidade nivelatrice.

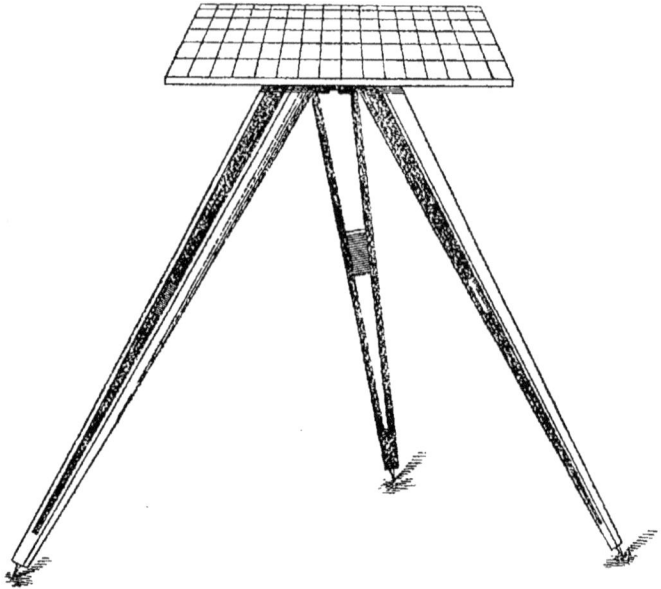

Planchette sur son support.

Fig. 19.

Elle se compose d'une tablette en bois fixée sur un pied à trois branches par un dispositif qui permet de rendre la tablette horizontale et de lui donner autour du pivot qui la supporte un mouvement de rotation ou de translation.

La tablette doit toujours être orientée au moyen du décli-natoire (fig. 20), petite boussole de forme rectangulaire, ne permettant à l'aiguille aimantée que des oscillations de faible amplitude autour de deux repères *a* et *b ;* les deux repères *a* et *b* et le pivot de l'ai-guille sont en ligne droite, le déclinatoire est fixé à la planchette par deux vis V et V'.

Suivant l'expression consacrée, la plan-chette est déclinée quand l'aiguille du dé-clinatoire est sur ses repères, et pour cela on fait tourner la planchette autour de son pivot de support jusqu'à ce que l'aiguille du déclinatoire soit bien sur ses repères.

La feuille de papier sur laquelle le levé doit être établi est collée sur la planchette ou, plus pratiquement en campagne, tendue et fixée avec des punaises.

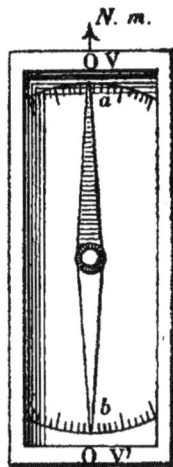

Fig. 20.

L'équipage se compose donc :

1° De la planchette montée sur son pied ;

2° Du déclinatoire fixé sur la planchette ;

3° De l'alidade nivelatrice ;

4° D'une aiguille ordinaire en acier, aiguille à coudre de numéro un peu fort.

Il permet : 1° de tracer des angles dans le plan horizon-tal ; 2° de mesurer des angles dans le plan vertical.

1° Mesure des angles dans le plan horizontal.

Soit à tracer l'angle formé par les deux directions AO et OB.

Mettre la planchette en station au point O' ; la décliner

en la faisant tourner autour de son pivot jusqu'à ce que
l'aiguille du déclinatoire soit sur ses repères.

Placer l'alidade sur la planchette et se servir du niveau à
bulle d'air de l'alidade pour assurer l'horizontalité de la
planchette, placer pour cela l'alidade sur deux directions
perpendiculaires et agir sur les pieds pour obtenir la mise
en place de la bulle entre ses repères dans les deux directions; l'opération est facilitée en faisant jouer les deux
taquets placés sur la règle en buis de l'alidade.

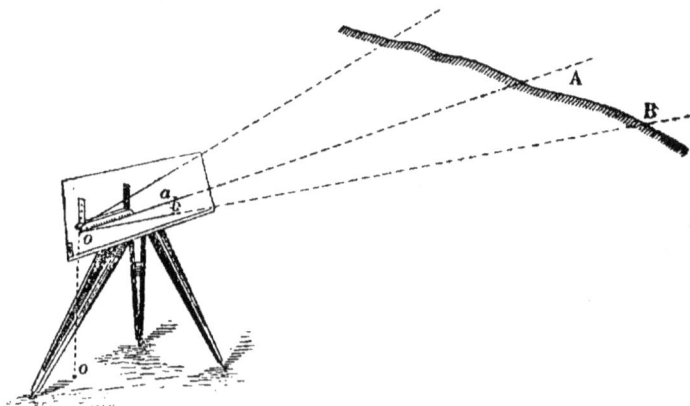

Fig. 21.

Ceci fait, serrer l'écrou qui relie la planchette à son
pied; planter l'aiguille au point O; appuyer contre l'aiguille
le bord biseauté de l'alidade; viser le point A par un des
œilletons de la pinnule oculaire et le fil de la pinnule objective; tracer au crayon sur la feuille de papier tendue sur la
planchette la direction O*a*; faire la même opération pour le
point B. L'angle *a*O*b* tracé sur la feuille est bien la projection sur le plan horizontal de l'angle de l'espace AOB.

2° *Mesurer un angle dans le plan vertical.*

Soit O la pinnule oculaire et O' la pinnule objective d'une
alidade nivelatrice (fig. 22).

Quand elles sont levées, les deux pinnules doivent être verticales.

La distance AB est égale à 20 cm.

La pinnule objective porte deux graduations, sur le montant de gauche de o à 40 de haut en bas ; sur le montant de droite de o à 40 de bas en haut.

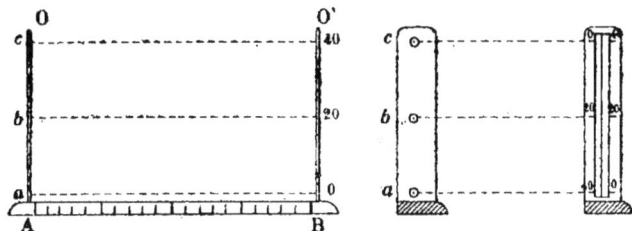

Fig. 22.

Chaque division est égale à 2 mm.

Par conséquent le rapport d'une de ces divisions à la longueur AB de la règle est égal à $\dfrac{0,002}{0,2}$; en divisant par 2 et en multipliant par 1.000 les deux termes, ce rapport devient $\dfrac{0,001 \times 1.000}{0,1 \times 1.000} = \dfrac{1}{100}$.

Chaque division vaut donc $\dfrac{1}{100}$ de la longueur de la règle AB comptée entre les deux pinnules, et n divisions vaudront $\dfrac{n}{100}$ de la même longueur.

Si la planchette et l'alilade sont horizontales, le rayon visuel qui passe par l'œilleton b et la division 20 est horizontal.

Soit maintenant un point M (fig. 23) ; il s'agit de déterminer la hauteur du point M au-dessus du plan horizontal de la planchette.

Le système, planchette et alidade, étant bien horizontal,

visons par l'œilleton inférieur *a* le point M qui doit être coupé par son milieu par le fil vertical de la pinnule O'.

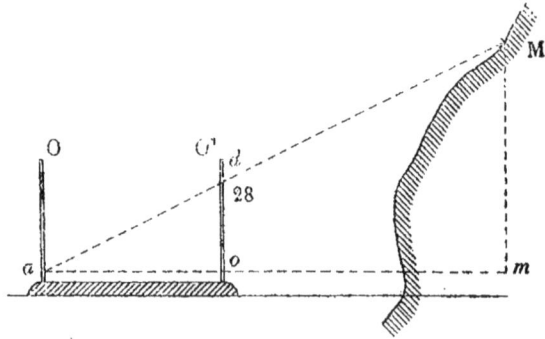

Fig. 23.

Appuyons le rayon visuel qui passe par l'œilleton *a* et le point M contre le montant de droite de la pinnule O' et lisons la graduation correspondante, soit 28 divisions.

Dans les triangles semblables M*ma* et *od* nous avons le rapport :

$$\frac{Mm}{am} = \frac{od}{oa} = \frac{28}{100}$$

$$Mm = am \times \frac{28}{100}.$$

Si la distance *am* est connue, égale à 250 m, la hauteur sera égale à

$$250 \times \frac{28}{100} = 70 \text{ m}.$$

Il conviendra d'ajouter la hauteur de la planchette au-dessus du sol.

Calculons maintenant pour le point M situé en dessous de l'horizontale la longueur M*m* (fig. 24).

Visons, par l'œilleton supérieur *c*, le point M ; appuyons

le rayon visuel contre le montant de gauche, nous lisons 32 divisions.

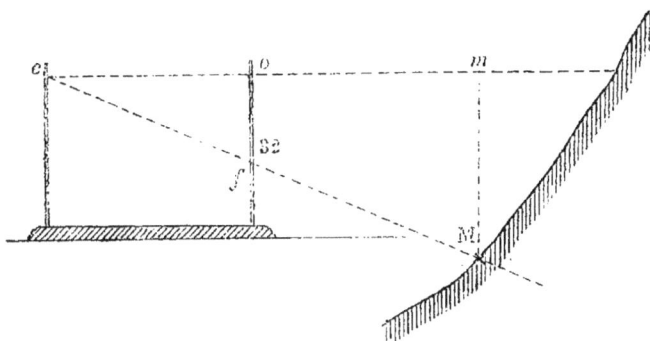

Fig. 24.

Les deux triangles cof et cmM sont semblables ; nous avons :

$$\frac{Mm}{cm} = \frac{of}{oc} = \frac{32}{100}.$$

Si la distance cm est connue et égale à 300 m, Mm sera égal à : $300 \times \dfrac{32}{100} = 96$ m.

On remarque que l'alidade ne peut donner que l'angle de pente exprimé par le rapport entre la hauteur et la base ; pour calculer Mm dans les deux cas il faut connaître les distances am et cm.

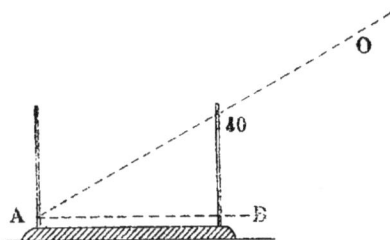

Fig. 25.

L'emploi de l'alidade pour mesurer les angles verticaux a pour limite l'angle de 22°.

En effet, supposons un rayon visuel passant par l'œilleton inférieur et la dernière graduation 40.

La pente de l'oblique OA est égale à $\dfrac{40}{100}$, soit $\dfrac{2}{5}$ ou 40 cm par mètre, correspondant à très peu de chose près à 22°.

Sur les montants gradués de la pinnule objective on peut assez facilement évaluer à vue la moitié d'une division ; il faut, le cas échéant, ne pas oublier de faire cette lecture, car si on négligeait de prendre cette précaution l'erreur commise serait de $\dfrac{0,5}{100}$, soit $\dfrac{1}{200}$.

CHAPITRE III

CONSTRUCTIONS GRAPHIQUES ET CALCULS DIRECTS

En résumé, l'officier de renseignements ne peut avec les instruments dont il dispose que mesurer ou tracer des angles horizontaux ou des angles verticaux, les longueurs étant directement mesurées sur le terrain au double pas.

Comment tirera-t-il parti des données qu'il a ainsi recueillies sur le terrain?

Deux méthodes s'offrent à lui : 1° la construction graphique, 2° le calcul direct.

Prenons un exemple :

Une mitrailleuse ennemie est en M ; il faut déterminer la cote et la distance du point M d'un point d'observation O situé dans les lignes françaises.

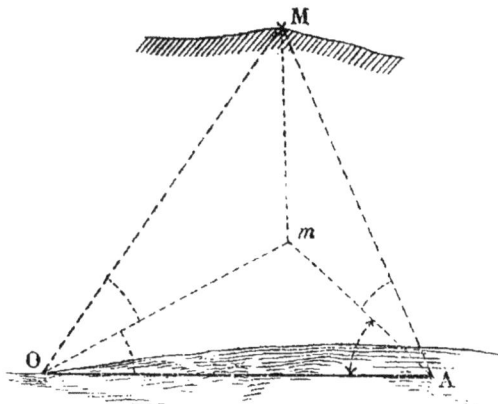

Fig. 26.

On tracera une base OA qui sera mesurée au pas ; on lèvera de l'extrémité O, l'angle horizontal AO*m* et l'angle vertical mOM ; de l'extrémité A on mesurera également l'angle horizontal mAO et l'angle vertical mAM.

Pour répondre aux questions posées employons la méthode graphique.

Sur une droite indéfinie xy portons la longueur OA à une échelle convenablement choisie, qui dépendra d'ailleurs de la longueur de la base OA.

En O traçons un angle égal à l'angle AOm ; en A un angle égal à mAo ; au point d'intersection nous aurons le point m, projection de M sur le plan horizontal.

En mesurant Om et Am sur la construction et en transformant en mètres la longueur trouvée à l'échelle on aura les distances Om et Am.

Construisons maintenant le triangle rectangle MmO (fig. 27).

Portons sur une droite horizontale la longueur Om à une échelle convenablement choisie ; en O faisons un angle égal à l'angle vertical mOM ; élevons une perpendiculaire en m ; au point d'intersection nous aurons le point M ;

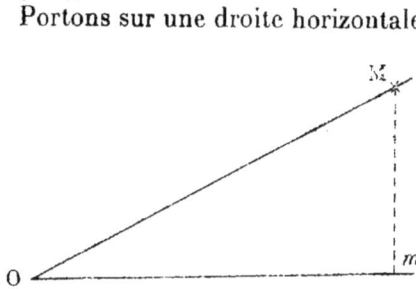

Fig. 27.

OM mesuré sur la construction et transformé en mètres donnera la distance de la mitrailleuse ennemie au poste d'observation français comptée sur l'oblique OM ; Om donnera cette distance comptée sur l'horizontale ; Mm donnera la différence de cote entre M et O.

L'appréciation obtenue dépendra en grande partie de l'exactitude avec laquelle les angles mesurés sur le terrain auront été rapportés sur la construction graphique.

Il existe deux moyens de tracer un angle donné :

1° Avec le rapporteur ; 2° par ses coordonnées.

Les rapporteurs sont gradués les uns en degrés, les

autres en millièmes ; il faut les choisir d'un diamètre assez grand pour obtenir dans le report une approximation au moins égale à celle que l'instrument de levé peut donner.

Les rapporteurs de 11 cm de rayon permettent de travailler assez exactement.

Un angle peut aussi être rapporté au moyen de ses coordonnées : un angle mesuré avec l'alidade nivelatrice est égal à $\frac{21}{100}$; sur la droite xy portons de A en B une longueur de 100 mm, sur la verticale passant par A une longueur égale à 21 mm. L'angle MBA sera l'angle cherché.

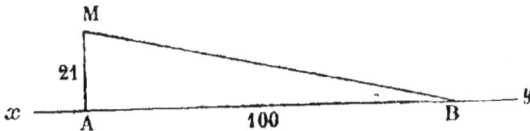

Fig. 28.

Il est facile de se rendre compte que quel que soit le soin apporté au report, des erreurs importantes sont à craindre ; il faut d'ailleurs, pour dessiner correctement, tout un attirail que l'on n'a pas toujours sous la main.

Il faudrait donc avoir recours au calcul direct, c'est-à-dire au calcul trigonométrique ; mais là aussi on se heurte à des difficultés.

Le capitaine Castaing a clairement exposé comme il suit les avantages et les inconvénients des deux méthodes :

« Lorsqu'une longueur ne peut être mesurée directement, il faut la faire entrer dans une figure géométrique, dont d'autres éléments sont mesurables, de telle sorte que de la valeur de ces éléments on puisse déduire celle de la longueur demandée.

« On choisit généralement à cet effet le triangle, parce que c'est de toutes les figures de la géométrie plane celle dont la résolution exige le moins grand nombre de données.

« Dans les conditions du temps de paix la résolution des triangles se fait par le calcul au moyen de tables qui donnent pour chaque valeur d'angle celles de certaines fonctions appelées lignes trigonométriques : sinus, cosinus, tangente, cotangente, sécante, cosécante.

« Mais nous sommes en campagne et n'avons pas couramment de tables trigonométriques à notre disposition ; il faut alors procéder par construction, c'est-à-dire reporter notre figure sur le papier à une échelle déterminée et mesurer les valeurs inconnues au lieu de les calculer ; cette méthode est beaucoup moins précise que la précédente, parce qu'elle ajoute aux erreurs de mesures faites sur le terrain les erreurs de construction faites sur le papier.

« De plus, comme la figure est toujours reproduite à une échelle très petite, ces erreurs se trouvent multipliées par un facteur assez considérable quand on repasse de la figure au terrain.

« Mais, d'autre part, les objectifs dont nous cherchons la distance ne sont pas très éloignés et nous ne demandons pas une exactitude parfaite, mais seulement une approximation suffisante pour nous permettre de régler notre tir sans trop perdre de temps. Les méthodes de construction reprennent en ce cas leur intérêt, à condition d'être simples, donc rapides. »

La conclusion à retenir est que la méthode par construction graphique est sujette à caution, que c'est un pis aller dont on se contente parce que le calcul direct demande l'emploi de tables trigonométriques et exige des connaissances spéciales.

J'ai voulu tourner cette difficulté et pour cela j'ai ramené les expressions trigonométriques de sinus, de cosinus et de tangente à de simples définitions géométriques faciles à retenir et j'ai calculé les tables qui suivent pour permettre mécaniquement la résolution des triangles ; par le procédé que j'indique un officier de renseignements n'ayant pas acquis ou ayant complètement perdu de vue les premières notions de la trigonométrie rectiligne, pourra résoudre par le calcul tous les cas qui peuvent se présenter dans la pratique et cela plus facilement, plus rapidement que par construction graphique : il sera d'ailleurs en mesure de choisir suivant les circonstances entre l'une ou l'autre méthode, et, le cas échéant, de les vérifier l'une par l'autre.

TABLEAU

ANGLES		SINUS	RÉDUCTION à l'horizon —— Cosinus	HAUTEUR pour 1 mètre de base —— Tangente	$\frac{1}{\sin}$
Degrés	Millièmes				
1	2	3	4	5	6
1	18	0,017	0,999	0,017	57,299
2	36	035	999	035	28,654
3	53	052	999	052	19.107
4	71	070	998	070	14,336
5	89	087	996	087	11,474
6	107	0,105	0,995	0,105	9,567
7	124	122	993	123	8,206
8	142	139	990	141	7,185
9	160	156	988	158	6,392
10	178	174	985	176	5,759
11	195	191	982	194	241
12	213	0,208	0,978	0,213	4,810
13	231	225	974	231	445
14	249	242	970	249	134
15	267	259	966	268	3,864
16	284	276	961	287	628
17	302	292	956	0,306	420
18	320	0,309	951	325	236
19	338	326	946	344	072
20	355	342	940	364	2,924
21	373	358	934	384	790
22	390	375	0,927	0,404	669
23	409	391	921	424	559
24	427	0,407	914	445	459
25	444	423	906	466	366
26	462	438	0,899	488	281
27	480	454	891	0,510	203
28	498	469	883	532	130
29	515	485	875	554	063
30	533	0,500	866	577	2,000
31	551	515	0,857	0,601	1,942
32	569	530	848	625	887
33	586	545	839	649	836
34	604	559	829	675	788
35	622	574	819	0,700	743
36	640	588	809	726	701
37	658	0,602	0,799	753	1,662
38	675	616	788	781	624
39	693	629	777	0,810	1,589
40	711	643	766	839	556
41	729	656	755	869	524
42	746	669	743	0,900	1,494
43	764	682	731	933	466
44	782	695	719	966	440
45	800	0,707	0,707	1,000	1,414

ANGLES		SINUS	RÉDUCTION à l'horizon — Cosinus	HAUTEUR pour 1 mètre de base — Tangente	$\frac{1}{\sin}$
Degrés	Millièmes				
1	2	3	4	5	6
46	817	0,719	0,695	1,036	1,390
47	835	731	682	072	367
48	853	743	669	111	346
49	871	755	656	1,150	325
50	889	766	643	192	305
51	906	777	629	1,235	1,287
52	924	788	616	280	269
53	942	799	602	327	252
54	960	0,809	0,588	376	236
55	977	819	573	1,428	221
56	995	829	559	483	206
57	1013	839	545	1,540	1,192
58	1031	848	530	1,600	179
59	1049	857	515	664	167
60	1066	866	500	1,732	155
61	1084	0,875	0,485	1,804	143
62	1102	883	469	881	133
63	1120	891	454	1,963	122
64	1138	899	438	2,050	113
65	1155	0,906	423	145	103
66	1173	914	407	246	1,095
67	1190	921	0,391	356	086
68	1208	927	375	.475	079
69	1226	934	358	605	071
70	1244	940	342	747	064
71	1262	946	326	904	.058
72	1280	951	309	3,078	.051
73	1297	956	0,292	271	1,046
74	1315	961	276	487	040
75	1333	966	259	732	1,035
76	1351	970	242	4,011	031
77	1368	974	225	331	1,026
78	1386	978	208	705	022
79	1404	982	0,191	5,145	1,019
80	1422	985	174	671	015
81	1440	988	156	6,314	012
82	1457	990	139	7,115	010
83	1475	993	122	8,144	1,008
84	1493	995	105	9,514	006
85	1511	996	0,087	11,430	004
86	1528	998	070	14,301	002
87	1546	999	052	19,081	001
88	1564	999	035	28,636	001
89	1582	1,000	017	57,290	1,000
90	1600	1,000	0,000	∞	1,000

Formules.

Nivellement.

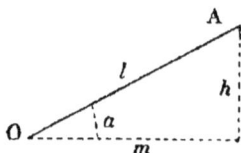

(1) Pente OA $= \operatorname{tg} a = \dfrac{\sin a}{\cos a}$.

(2) Cote de A : $h = l \times \sin a$.

(3) Réduction : $m = l \times \cos a$
à l'horizon.

Planimétrie.

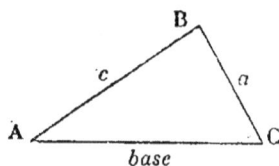

(4) $a = \text{base} \times \dfrac{1}{\sin B} \times \sin A$.

$c = \text{base} \times \dfrac{1}{\sin B} \times \sin C$.

Usage de la table. Définitions et exemples.

Soit une oblique OA. L'angle OAB $= a$ est l'angle de pente de l'oblique AO.

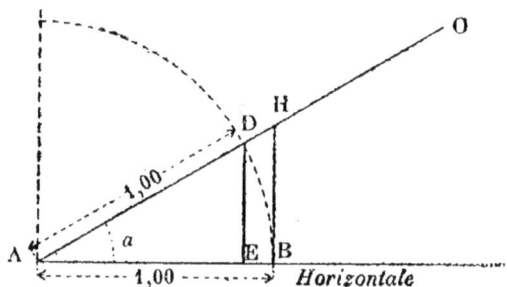

Fig. 29.

C'est l'angle que l'oblique fait avec sa projection sur l'horizontale. Décrivons du point A, sommet de l'angle, une circonférence de 1 m de rayon (fig. 29); elle coupe l'horizontale en B, l'oblique en D.

De ce point abaissons une perpendiculaire sur l'horizontale, soit DE ; AE est la projection de AD ; AE est aussi l'oblique AD réduite à l'horizon.

a) *Réduction à l'horizon.* — Réduire une oblique à l'horizon consiste donc à calculer, l'angle de pente *a* étant connu, la longueur de la projection de cette oblique.

La colonne 2 du tableau permet de faire rapidement ce calcul ; elle donne pour les angles de 1 à 90° la longueur réduite à l'horizon pour 1 m de longueur mesurée sur le terrain.

Exemple. — L'oblique OA a 120 m de longueur ; elle est inclinée à 9°. Quelle est sa longueur réduite à l'horizon ?

Pour 9° la colonne 2 du tableau donne 0,988 ; 1 m de longueur sur l'oblique réduit à l'horizon devient 988 mm ; 120 m deviendront :

$$120 \times 0,988 = 118^m 56.$$

b) *Calcul de la pente d'une droite. Trouver la cote d'un point pris sur cette oblique.* — La pente de l'oblique OA peut être exprimée par le rapport de la distance verticale HB à la distance horizontale AB (fig. 30).

$$\text{Pente OA} = \frac{HB}{AB};$$

mais AB est le rayon égal à 1 m ; nous avons :

$$\text{Pente OA} = \frac{HB}{1} = HB.$$

HB est donc la hauteur dont s'élève ou s'abaisse l'oblique OA.

Pour 1 m de base, cette longueur a été calculée et portée dans la colonne 3 du tableau pour les angles de 1 à 90°.

Exemple. — La pente de l'oblique AO est égale à 0,213, quel est l'angle de pente (fig. 31) ?

La colonne 3 du tableau indique que pour une hauteur de 213 mm pour 1 m de base l'angle de pente est de 12° ou 213 millièmes.

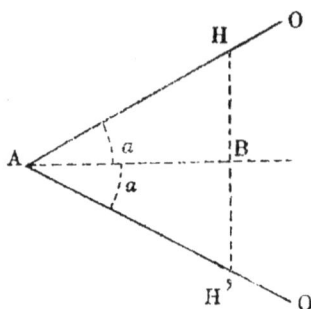

Fig. 30.

Autre exemple. — La pente de l'oblique OA est de 158 mm, la cote du point O égale 10 m. Quelle est la cote du point A ?

Pour 1 m de base l'oblique s'élève de 158 mm, pour 125 m elle s'élèvera de 19^m75 ; soit $125 \times 0,158$ (fig. 32).

Cote A = Cote O + 19,75 = 10 + 19,75 = $29^m 75$.

c) *Définitions*. — Soient : l'oblique OA ; l'angle de pente a ; le rayon AD = AB = 1 m (fig. 33).

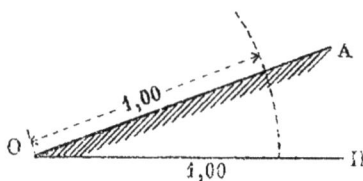

Fig. 31.

Menons la tangente BH à la circonférence AB ; la perpendiculaire DE ; AE est la projection de AD sur l'horizontale.

On appelle BH la tangente de l'angle a ; on écrit tang a = BH ;

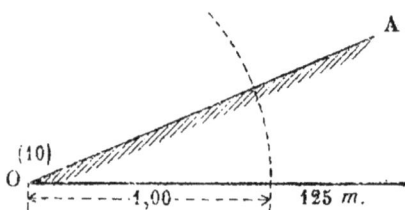

Fig. 32.

DE est le sinus de l'angle a, on écrit sin a = DE ;

AE est le cosinus de l'angle a, on écrit cos a = AE.

Ces lignes sont appelées lignes trigonométriques de l'angle a ; mais pour l'intelligence de ce qui va suivre il n'est pas nécessaire d'avoir des notions de trigonométrie rectiligne ; il suffira de se rappeler les définitions que je viens de donner et de considérer les expressions de sinus, cosinus et tangente comme de simples abré-

viations désignant des lignes bien définies, calculées pour
une circonférence
de 1 m de rayon.
Ceci admis, on
voit déjà :

d) 1° *Que la
pente d'une obli-
que quelconque
est égale à la tan-
gente de l'angle
de pente* (colonne
3 du tableau).

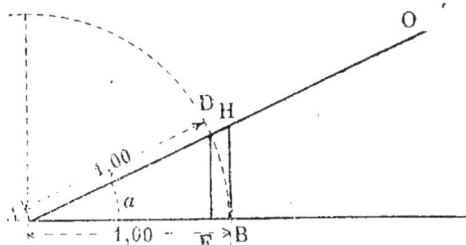

Fig. 33.

e) 2° *Que pour une oblique quelconque la longueur réduite
à l'horizon pour 1 m de longueur mesurée sur le terrain est
égale au cosinus de l'angle de pente.*

Prenons toujours l'oblique OA, sa pente peut être
exprimée par le rapport $\dfrac{HB}{BA}$ ou par le rapport $\dfrac{DE}{EA}$.

Ces deux rapports sont égaux : $\dfrac{HB}{BA} = \dfrac{DE}{AE}$

HB = tang a ;
DA = rayon égal à 1 m ;
DE = sin a ;

En remplaçant nous aurons : $\dfrac{\text{tang } a}{1} = \dfrac{\sin a}{\cos a}$;

$$\text{tang } a = \dfrac{\sin a}{\cos a}.$$

f) Par conséquent, 3° *la pente d'une oblique quelconque
est égale au quotient du sinus par le cosinus de l'angle de
pente.*

En résumé : angle de pente de l'oblique AO = 18°.

Pente OA = tang 18° = 0,325 (col. 3).
Pente OA = $\dfrac{\sin 18°}{\cos 18°} = \dfrac{0,309}{0,951} = 0,325$ (col. 2 et 1).

Longueur OA réduite à l'horizon : .

$$125 \times \cos 18° = 125 \times 0,951 \text{ (col. 2)} = 118^m 88.$$

g) *Trouver la cote d'un point pris sur une oblique. Simplification.* — Soit une oblique OA ; l'angle de pente est de 18° ; trouver la cote du point A [1] ?

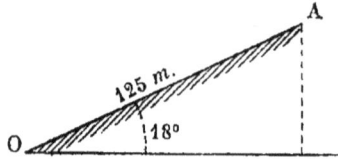

Cote initiale du point O = 80 mètres.

Distance OA = 126 doubles pas à raison de 60 doubles pas pour 100 m.

Fig. 34.

Il faut transformer les doubles pas en mètres, soit

$$\frac{10 \times 126}{6} = 210 \text{ m},$$ puis réduire 210 m à l'horizontale, soit :

$210 \times 0,951 = 199^m 71$; calculer la cote pour la base 199,71, soit :

$$199,71 \times 0,325 = 64^m 90.$$
$$\text{Cote A} = 80 + 64,90 = 114^m 90.$$

On peut simplifier ce calcul.

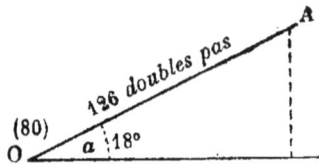

Fig. 35.

Nous avons vu que pour une oblique quelconque la longueur de 1 m mesurée sur le terrain, réduite à l'horizon est égale au cosinus de l'angle de pente.

Donc la longueur de 210 m réduite à l'horizon sera égale à :

$$210 \times \cos a.$$

La pente d'une droite est égale à la tangente de l'angle de pente ; nous aurons donc :

$$210 \times \cos a \times \tan g \ a.$$

_____

[1] *Topographie de campagne*, t. I, n° 37.

Mais la tangente de l'angle de pente est égale au quotient du sinus par le cosinus de l'angle de pente.

Nous aurons donc : $210 \times \cos a \times \dfrac{\sin a}{\cos a}$.

En simplifiant : $210 \times \sin a$.

Sin $a = \sin 18° = 0{,}309$ (col. 1 du tableau).

En remplaçant sin a par sa valeur, il viendra :

$$210 \times 0{,}309 = 64{,}89.$$
$$\text{Cote A} = 80 + 64{,}89 = 114{,}89.$$

Donc pour avoir la cote d'un point, quand on connaît la distance de ce point mesurée sur le terrain, il suffit de multiplier cette longueur par le sinus de l'angle de pente (colonne 1 du tableau).

h) *Exemple.* — Une oblique est inclinée de 12° sur l'horizontale ; quelle est la cote du point B, la distance OB mesurée sur le terrain étant de 218 m ?

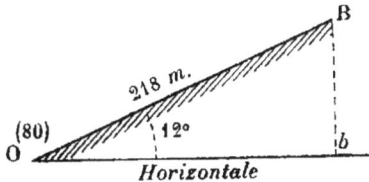

Fig. 36.

$$\text{B}b = 218 \times \sin 12°$$
$$\text{Sin } 12° = 0{,}218 \text{ (col. 1)}$$
$$\text{B}b = 218 \times 0{,}218 = 45^{\text{m}}34$$
$$\text{Cote B} = 80 + 45{,}34 = 125^{\text{m}}34.$$

i) *Application aux triangles quelconques.* — Soit un triangle ABC.

Le côté a est opposé à l'angle A.
Le côté b est opposé à l'angle B.
Le côté c est opposé à l'angle C.

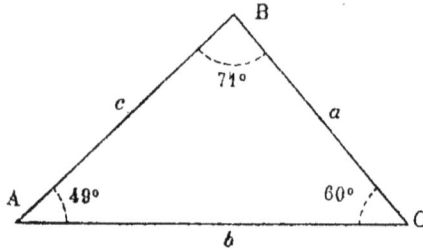

Fig. 37.

Il existe un rapport constant entre chaque côté du triangle et le sinus de l'angle opposé ; relation que l'on pourra écrire de la façon suivante :

$$\frac{a}{\sin A} = \frac{b}{\sin B} = \frac{c}{\sin C}.$$

Supposons :

Angle A $= 49°$ Côté $a = 319^m 5o$.
 —   B $= 71°$ — $b = 4oo$ m.
 —   C $= 6o°$ — $c = 366^m 5o$.

Nous aurons : $\dfrac{a}{\sin 49°} = \dfrac{b}{\sin 71°} = \dfrac{c}{\sin 6o°}.$

Cherchons dans la table, colonne 1, la valeur de ces sinus ; nous aurons : $\dfrac{319,5}{o,755} = \dfrac{4oo}{o,946} = \dfrac{366,5}{o,886}$, égalités qu'il est facile de vérifier.

j) Supposons maintenant qu'une base AC ait été mesurée sur le terrain ; elle est égale à 4oo m.

Par un moyen quelconque on a levé les angles adjacents

A $= 49°$, C $= 60°$. Quelle est la distance du point B aux points A et C ?

Les longueurs AB et CB sont les inconnues.

Nous venons de voir qu'il existe un rapport constant entre chaque côté du triangle et le sinus de l'angle opposé.

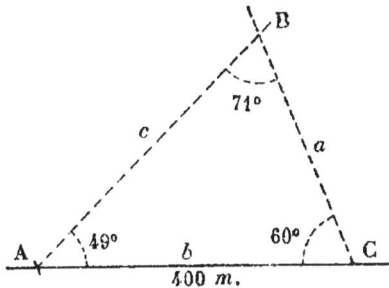

Fig. 38.

Écrivons-le, nous aurons :

$$\frac{AB}{\sin C} = \frac{AC}{\sin B} \qquad \frac{CB}{\sin A} = \frac{AC}{\sin B}$$

$$AC = \text{base} = b$$

Angle B $= 180° - (A + C) = 180 - (49 + 60) = 71°$.

Par suite :

$$\frac{AB}{\sin C} = \frac{b}{\sin 71°}; \qquad \frac{CB}{\sin A} = \frac{b}{\sin 71°}$$

$$AB = \frac{b \times \sin C}{\sin 71°}; \qquad CB = \frac{b \times \sin A}{\sin 71°}$$

$$AB = b \times \frac{1}{\sin 71°} \times \sin 60°; \quad CB = b \times \frac{1}{\sin 71°} \times \sin 49°.$$

En cherchant dans la table on trouve :

Colonne 1 $\sin 60° = 0,866$

              $\sin 49° = 0,755$

   —   4 $\frac{1}{\sin 71°} = 1,058$.

En remplaçant nous aurons :

$$AB = 400 \times 1,058 \times 0,866 ; \qquad CB = 400 \times 1,058 \times 0,755$$
$$423,2 \times 0,866 \qquad\qquad 423,2 \times 0,755$$
$$366^m 5o \qquad\qquad\qquad 319^m 5o.$$

k) Supposons maintenant que l'on veuille trouver la hauteur du triangle ABC.

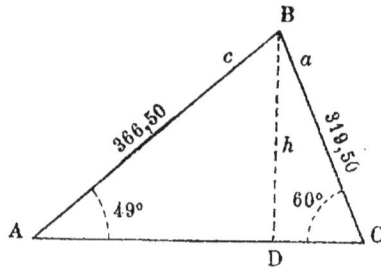

Fig. 39

En appliquant le même raisonnement qu'au paragraphe *h*, nous aurons :

$$BD = c \sin A$$
$$366,5o \times 0,755 = 276^m 71.$$

Vérification :

$$BD = a \sin C$$
$$319,5o \times 0,866 = 276^m 69.$$

l) Dans le même triangle calculons les segments AD et DC.

Nous aurons :

$$AD = c \cos A \qquad\qquad DC = a \cos C$$
$$c \cos 49° \qquad\qquad a \cos 6o°$$
$$366,5o \times 0,656 \qquad 319,5o \times 0,5oo$$
$$240^m 42 \qquad\qquad 159^m 75$$

Vérification : $240,42 + 159,75 = 400^m 17.$

En résumé, les formules à retenir sont les suivantes :

En nivellement : Soit une oblique dont l'angle de pente est égal à a ;

$l = $ longueur de l'oblique ;

$h = AB = $ différence de cote entre les points O et A ;

$r = OB = $ l'oblique réduite à l'horizontale ;

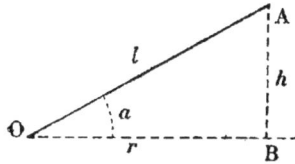

Fig. 40.

Nous avons :

(1)   Pente de l'oblique $= \tang a$ (col. 3).

(2) $h = l \sin a$ (col. 1).

(3) $r = l \cos a$ (col. 2).

En planimétrie : Soit une base AC. A et C les angles adjacents ;

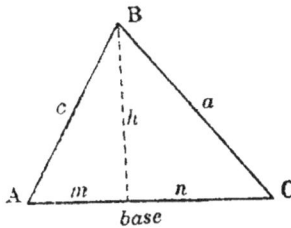

Fig. 41.

Nous avons :

(4) $a = \text{base} \times \dfrac{1}{\sin B} \times \sin A$ (col. 4 et 1).

$c = \text{base} \times \dfrac{1}{\sin B} \times \sin C$ (col. 4 et 1).

(2) $h = c \sin A$; $h = a \sin C$ (col. 1).

(3) $m = c \cos A$; $n = a \cos C$ (col. 2).

Donc, en tout quatre formules très simples à retenir qui permettent de donner une solution rapide et exacte à tous les problèmes de nivellement et de planimétrie qui peuvent se présenter en topographie de campagne.

CHAPITRE IV

RÉSOLUTION DES DIFFÉRENTS CAS
POUVANT SE PRÉSENTER DANS LA PRATIQUE

A. — *Mesurer sur le terrain l'angle de deux directions*
(Mesure d'un angle dans le plan horizontal) (fig. 42) :

1° Au pas ;
2° Avec la boussole ;
3° Avec la planchette ;
4° Avec le cercle de visée ;
5° Avec la règle graduée.

Soit à mesurer l'angle AOB ; les points A et B sont accessibles.

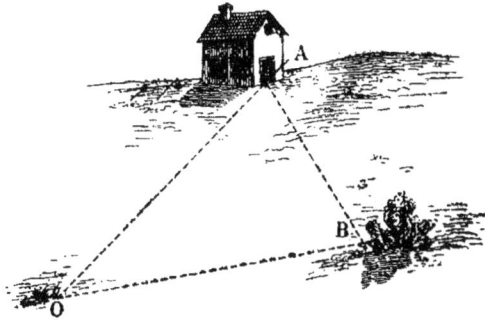

Fig. 42.

1° Au pas (¹).

Cheminer de O en A, de A en B, de B en O en comptant les doubles pas.

OA = 180 doubles pas (60 doubles pas pour 100 m).
AB = 150   —   —   —
BO = 246   —   —   —

_____

(1) *Topographie de campagne*, t. I, n° 52.

Réduire les doubles pas en mètres.

$$OA = \frac{10}{6} \times 180 = 300 \text{ m.}$$

$$AB = \frac{10}{6} \times 150 = 250 \text{ —}$$

$$BO = \frac{10}{6} \times 246 = 410 \text{ —}$$

Rapporter le triangle BOA à une échelle convenablement choisie, $\dfrac{1}{10.000}$ par exemple.

Sur une droite ob, porter à l'échelle 410 m, soit 41 mm ;

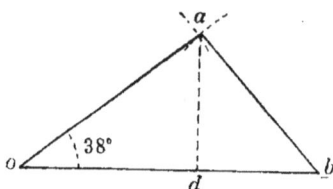

Fig. 43.

du point o avec une ouverture de compas égale à 30 mm décrire un arc de cercle ; du point b avec une ouverture de compas égale à 25 mm décrire un arc de cercle. Joignons le point d'intersection a aux points o et b.

Le triangle est rapporté.

Il suffit de mesurer l'angle au rapporteur AOB = 38° ; ou bien d'abaisser du point a, la perpendiculaire ad :

Mesurer ad, 18 mm et od, 23 mm.

Le rapport $\dfrac{ad}{od} = \dfrac{18}{23} = 0,782$.

Chercher dans la table, colonne 3 ; 0,782 correspond à 38° ou 676 millièmes.

Il serait utile de se servir de papier quadrillé au millimètre pour rapporter le triangle.

Les points A et B sont inaccessibles.

2° Avec la boussole.

$$\text{Prendre l'azimut de A} = 310°$$
$$\text{—} \qquad \text{—} \qquad \text{B} = 272°$$
$$\text{Différence AOB} = 38°.$$

_____

(1) *Topographie de campagne*, t. I, n° 40.

3° Avec la planchette.

Placer la planchette en station en O,

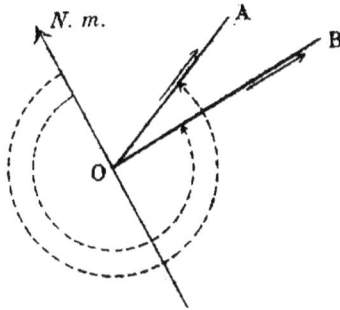

Fig. 44.

La décliner.

Viser A et puis B avec un double décimètre ou avec l'alidade nivelatrice; tracer sur la planchette les droites oa et ob, l'angle AOB est tracé.

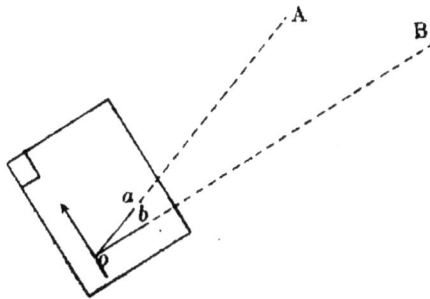

Fig. 45.

Les côtés sont orientés par rapport au nord magnétique.

4° Avec le cercle de visée.

Mettre le cercle en station au point O.

Viser le point A en amenant sur ce point le trait O,

Viser ensuite le point B ;

La valeur de l'angle AOB exprimée en millièmes est lue directement sur le rapporteur.

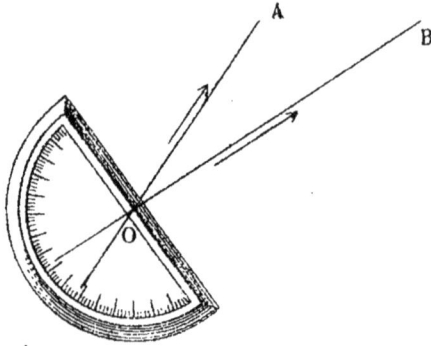

Fig. 46.

5° Avec la règle graduée (¹).

Tenir la règle à 5o cm de l'œil ; faire franchement face à la direction OA ;

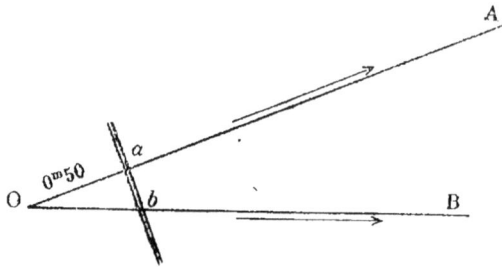

Fig. 47.

Viser A ; lire sur la règle le nombre de millimètres : 10 mm. Viser B ; lire sur la règle le nombre de millimètres : 401.

Différence : $401 - 10 = 391$.

---

(1) *Topographie de campagne*, t. I, n° 43 bis.

Le rapport $\dfrac{ab}{Oa} = \dfrac{0{,}391}{0{,}50}$; en multipliant par 2 nous aurons :

$$\frac{ab}{Oa} = \frac{0{,}782}{1} = 0{,}782.$$

En cherchant dans la table (colonne 3) nous trouvons l'angle correspondant 38° ou 676 millièmes.

B. — *Mesurer sur le terrain un angle dans le plan vertical* (fig. 48).

Fig. 48.

Soit à mesurer l'angle que fait l'oblique OA **avec** l'horizontale OB.

1° Avec le niveau à perpendicule [1].

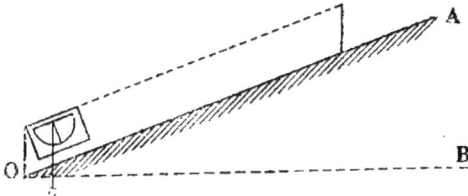

Fig. 49.

Il donne l'angle en degrés directement par simple lecture.

2° Avec un niveau de campagne [2].

Viser avec le niveau un point du terrain ou les pieds d'un aide envoyé en avant. Soit n le nombre de doubles pas.

---

[1] *Topographie de campagne*, t. I, n° 22.
[2]   —   —   —   n⁰ˢ 23 à 26.

Le rapport $\dfrac{Mm}{om} = \dfrac{1}{n}$.

Soit $n : 4$ doubles pas, $\dfrac{Mm}{om} = \dfrac{1}{4} = 0{,}250$.

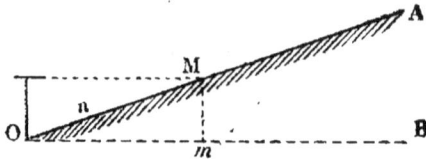

Fig. 50.

En cherchant dans la table (colonne 3) on voit que $0{,}250$ correspond à $14°$.

3° Avec la règle graduée (^{1}).

Tenir la règle graduée bien verticalement à 50 cm de l'œil ; envoyer un aide en A. Les angles 1, 2, 3 sont égaux.

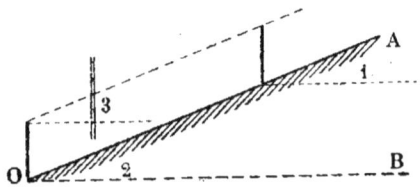

Fig. 51.

Lire sur la règle le nombre de millimètres compris entre b et a, c'est-à-dire entre le rayon visuel horizontal et le rayon visuel passant par les yeux de l'aide, soit 35 mm.

Le rapport $\dfrac{ab}{bc} = \dfrac{0{,}035}{0{,}5} = \dfrac{0{,}070}{1} = 0{,}070$.

Dans la table (colonne 3) l'angle correspondant à $0{,}070$ est $4°$ ou 71 millièmes.

Si on ne dispose pas d'aide ou si le terrain en pente est

---

(1) *Topographie de campagne*, t. I, n° 26 *bis*.

inaccessible, se coucher en O, s'appuyer sur les coudes et viser parallèlement au terrain.

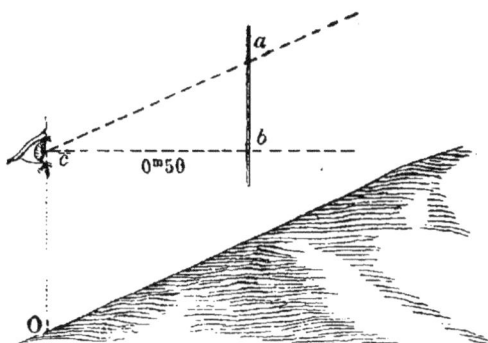

Fig. 52.

C. — *Un officier en reconnaissance aperçoit des travaux de terrassement que les Allemands ont exécutés en T pendant la nuit. Il peut aller de l'arbre en boule B au mur de clôture du verger V. A quelle distance sont les travaux faits par l'ennemi?* (fig. 53).

En B prendre l'azimut de BT, avec la boussole, et l'azimut de BV.

Cheminer de B en V en comptant les doubles pas; en V prendre l'azimut de VB et l'azimut de VT.

Inscriptions au carnet :

Azimut BT $= 118°$
—   BV $= 58°$ BV $= 384$ doubles pas
—   VB $= 238°$ $384 = 384 \times \dfrac{10}{6} = 640$ m.
—   VT $= 167°$
Deux solutions :

Graphiquement. — Reporter sur une feuille de papier quadrillé, à une échelle convenablement choisie, $\dfrac{1}{5.000}$ par

exemple, le triangle BVT ([1]); mesurer directement avec le
double décimètre les côtés VT et BT.

Par le calcul :

$$\text{Angle B} = 118° - 58° = 60°$$
$$- \quad V = 238° - 167° = 71°$$
$$\overline{131°}$$
$$180°$$
$$\text{Angle T} = \overline{49°}$$

$$VT = \text{base} \times \frac{1}{\sin 49°} \times \sin 60°; \quad BT = \text{base} \times \frac{1}{\sin 49°} \times \sin 71°$$
(formule : 4)

$$VT = 640 \times 1,325 \times 0,868; \quad BT = 640 \times 1,325 \times 0,946$$
$$640 \times 1,325 = 848$$
$$VT = 848 \times 0,868 = 734\,\text{m}; \quad BT = 848 \times 0,946 = 802\,\text{m}.$$

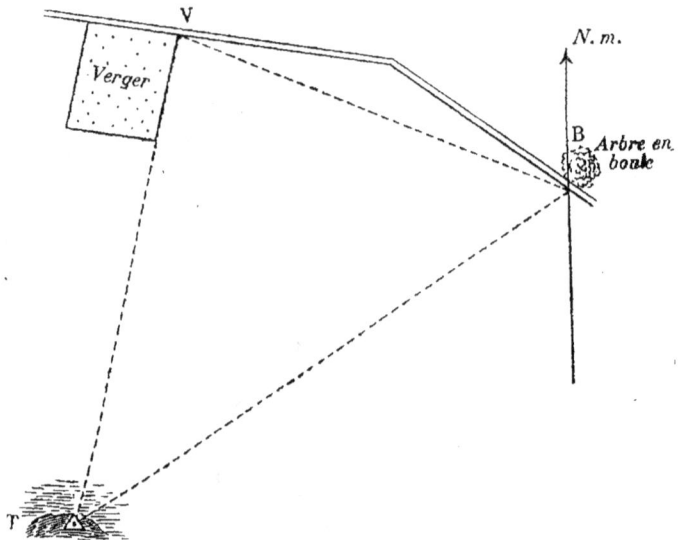

Fig. 53.

Les travaux ennemis sont à 734 m de l'angle nord-est du
mur de clôture du verger; à 802 m de l'arbre en boule.

_____

([1]) *Topographie de campagne*, t. I, n° 53.

Les calculs ne comportent en somme que trois multiplications.

D. — *Un poste d'observation ennemi est installé en avant du bois des Bouleaux ; un observateur français, en reconnaissance, est arrivé à la corne ouest du bois d'où il aperçoit l'observatoire allemand. A quelle distance est le poste ennemi ?*

Les dispositions favorables du terrain (fig. 54) permettent de prendre deux bases CA et CB défilées des vues de l'ennemi.

En C, lever les azimuts CA, CB, CP.

Aller de C en B en comptant les doubles pas ; en B, lever les azimuts BC, BP.

Revenir en C en vérifiant le nombre de doubles pas de B en C.

Aller de C en A en comptant le nombre de doubles pas ; en A prendre les azimuts AC et AP.

Revenir en C en vérifiant le nombre de doubles pas entre A et C.

Poste d'observation ennemi
installé en avant du bois des Bouleaux.

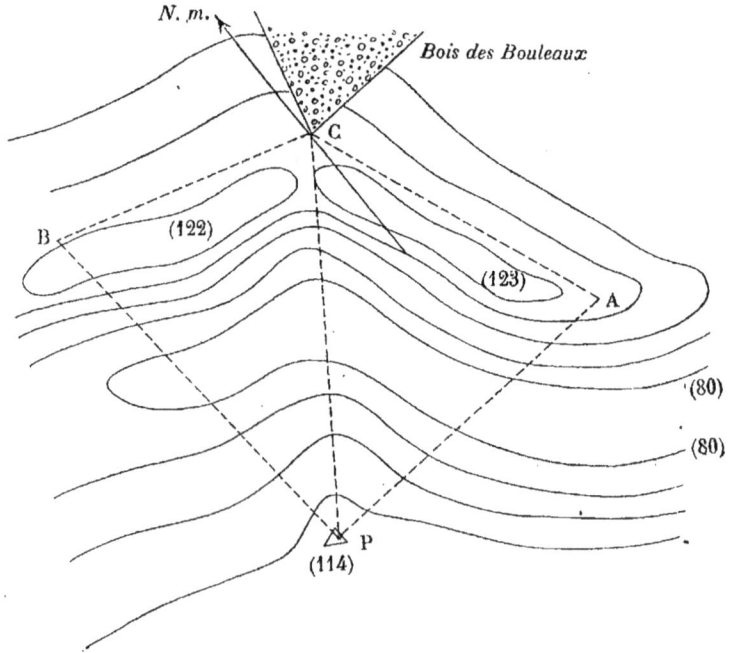

Carnet.

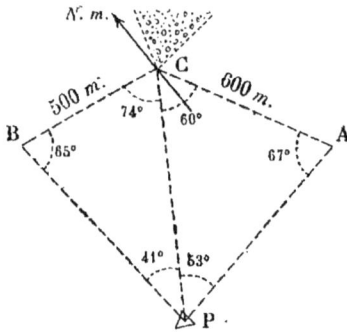

STATIONS

C   Az   CA = 206°
  —   CB = 72°
  —   CP = 146°
Longueur CB = 3oo doubles
  pas.

B   Az   BC = 252°
  —   BP = 187°
Longueur CA = 36o doubles
  pas.

A   Az   AC = 26°
  —   AP = 93°

Fig. 54.

Calculs :

$$\text{Angle ACP} = 206° - 146° = 60°$$
$$\quad\quad\; \text{CAP} = 93° - 26° = 67°$$
$$\overline{\quad\quad\quad\quad\quad\quad\quad\quad\quad 127°}$$
$$\quad\quad\quad\quad\quad\quad\quad\quad\quad 180°$$
$$\text{Angle CPA} = \overline{53°}$$

$$\text{Longueur CB} = \frac{300 \times 10}{6} = 500 \text{ m}$$

$$\text{Angle BCP} = 146° - 72° = 74°$$
$$\quad\quad\; \text{CBP} = 252° - 87° = 65°$$
$$\overline{\quad\quad\quad\quad\quad\quad\quad\quad\quad 139°}$$
$$\quad\quad\quad\quad\quad\quad\quad\quad\quad 180°$$
$$\text{Angle CPB} = \overline{41°}$$

$$\text{Longueur CA} = \frac{360 \times 10}{6} = 600 \text{ m.}$$

Dans le triangle CPA, nous avons :

$$CP = 600 \times \frac{1}{\sin 53°} \times \sin 67°.$$

Dans le triangle CBP, nous avons :

$$CP = 500 \times \frac{1}{\sin 41°} \times \sin 65°.$$

En effectuant :

$$CP = 600 \times 1,252 \times 0,921 = 691^m 85.$$
$$CP = 500 \times 1,524 \times 0,906 = 690^m 35.$$

Le poste allemand est à 691 m de la corne ouest du bois des Bouleaux ; l'azimut pris de ce point est égal à 146°.

E. — *Les Allemands ont placé en M un poste de mitrailleuses qui flanque leur tranchée sur la croupe C. Un observateur français peut arriver dans la zone A défilée des vues*

*de l'ennemi par une ligne de faîte; cette ligne et le terrain
en avant sont battus par le feu de l'ennemi, rendant impossible toute opération sur ce terrain; il constate qu'il peut se
porter en rampant derrière le boqueteau B et le gros arbre
D d'où il a des vues sur le poste allemand. Comment le
Français doit-il opérer pour repérer exactement le nid des
mitrailleuses ennemies?*

Il faudra prendre dans la zone défilée une base *bd*, de
telle façon que de ses extrémités *b* et *d* on puisse apercevoir
le boqueteau B et l'arbre D.

L'observateur est muni du cercle de visée, il se place en
b, vise B, D et *d* et prend ainsi les angles 1 et 2;

Il va de *b* en *d* et compte les doubles pas.

En *d*, il vise *b*, B et D et prend les angles 3 et 4; en rampant il se porte en B, vise M, D et *d* et prend les angles 5 et
6; avec les mêmes précautions il gagne D et visant M, B et
b, il prend les angles 7 et 8.

Le travail est terminé sur le terrain; il a exigé la mesure
d'une base et l'arrêt sur quatre stations défilées des vues de
l'ennemi.

L'opérateur a maintenant le choix entre deux solutions :
solution graphique, ou solution par le calcul.

1° *Solution graphique.* — Sur la base *bd*, tracée à une
échelle convenable, $\dfrac{1}{1.000}$ par exemple, faire en *b* un angle
égal à $1 + 2$; en *d* un angle égal à $3 + 4$; on a par intersection les points B et D et par suite BD.

Sur BD tracer un angle égal à 5; sur D, un angle égal
à 7.

Le point M est déterminé par intersection. Il convient de
se méfier du rapporteur; il sera préférable de tracer les
angles au moyen de la table.

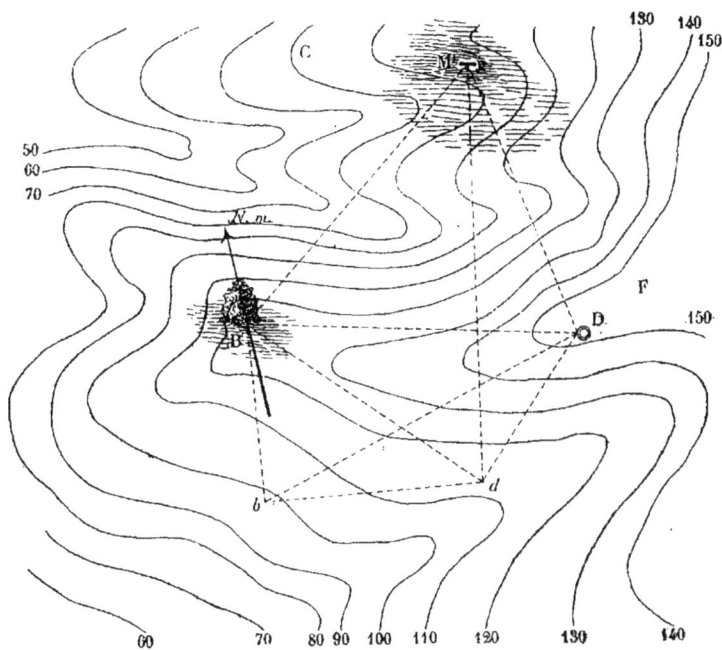

Profil du terrain suivant Md; 10 fois surhaussé.

Carnet.

STATIONS		
b	1 =	1.260 millièmes.
	2 =	340 —
d	3 =	710 —
	4 =	1.690 —
B	5 =	890 —
	6 =	480 —
D	7 =	1.140 —
	8 =	570 —

Azimut BM = 300°. Base BD = 300 doubles pas.

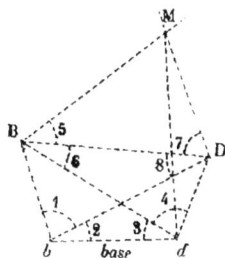

Fig. 55.

2° *Par le calcul.*

Calcul de BD.

Dans le triangle bdB :

$$bB = \text{base} \times \frac{1}{\sin 3.200 - (1 + 2 + 3)} \times \sin 3$$

$$\text{base} \times \frac{1}{\sin 890} \times \sin 710$$

$$500 \times 1,305 \times 0,643 = 419^m 50.$$

Dans le triangle bBD :

$$BD = bB \times \frac{1}{\sin 8} \times \sin 1$$

$$419,50 \times \frac{1}{\sin 570} \times \sin 1260$$

$$419,50 \times 1,887 \times 1,058$$

$$833^m 20.$$

Calcul de BD. (Vérification.)

Dans le triangle bDd :

$$dD = \text{base} \times \frac{1}{\sin 3.200 - (3 + 4 + 2)} \times \sin 2$$

$$\text{base} \times \frac{1}{\sin 460} \times \sin 340$$

$$500 \times 2,281 \times 0,326 = 371^m 80.$$

Dans le triangle dDb :

$$BD = dD \times \frac{1}{\sin 6} \times \sin 4$$

$$371,80 \times \frac{1}{\sin 480} \times \sin 1.510$$

$$371,80 \times 2,203 \times 0,996$$

$$815^m 73.$$

$$2 \, BD = 733,20 + 815,73 = 1.648,93$$

$$BD = 824 \text{ m.}$$

Dans le triangle BMD :

$$BM = BD \times \frac{1}{\sin 3200 - (5 + 7)} \times \sin 7$$

$$MD = BD \times \frac{1}{\sin 3200 - (5 + 7)} \times \sin 5$$

$$BM = 824 \times \frac{1}{\sin 1170} \times \sin 1.140$$

$$MD = 824 \times \frac{1}{\sin 1170} \times \sin 890$$

$$824 \times \frac{1}{\sin 1170} = 824 \times 1,095 = 902,28$$

$$BM = 902.28 \times 0,899 = 811 \text{ m} \quad MD = 902,28 \times 0,766 = 691 \text{ m.}$$

Le poste ennemi est à 811 m du boqueteau et à 691 m de l'arbre remarquable.

L'azimut pris du boqueteau est de 300°.

Dans l'exemple précédent il pourrait se faire que les deux points défilés ne soient pas visibles l'un de l'autre et que de plus il ne soit pas possible de voir des deux extrémités de la base, les deux points choisis. On tournerait la difficulté de la manière suivante :

F. — *Une batterie allemande est établie en B. Elle est visible d'un bouquet de bois en H et d'une ferme en ruines F ; on peut atteindre ces deux points en se défilant ; de la ferme on ne peut voir le bouquet de bois.*

La crête HF et le terrain en avant sont battus par le feu de l'ennemi.

Comment opérer pour relever la position ennemie? (fig. 56).

Il faut choisir dans la zone abritée un point P d'où on puisse apercevoir le bouquet de bois et la ferme ; aller ensuite de P en H en comptant le nombre de doubles pas, soit 120 doubles pas, revenir de H en P et marquer en *h* la moitié de la distance, soit 60 doubles pas de H en *h*.

Aller de même de P en F et marquer *f* au milieu de PF.

Mesurer au pas la longueur *hf;* les angles 1 et 2; se

porter en H, mesurer l'angle 3; aller en F, mesurer
l'angle 4.

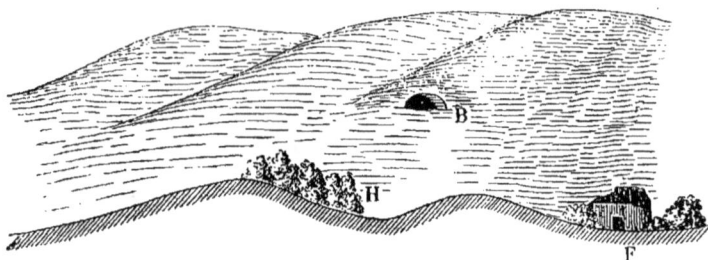

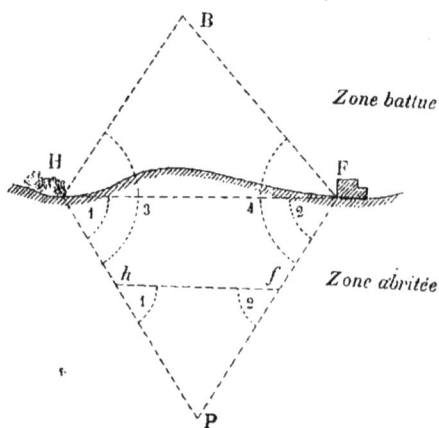

Fig. 56.

Dans le triangle HBF nous connaissons la base et les
deux angles adjacents. En effet, les deux triangles semblables PHF et Phf donnent :

$$\frac{HF}{hf} = \frac{HP}{hP} = \frac{2\,hP}{hP} = 2$$

$$\frac{HF}{hf} = 2 \qquad HF = 2\,hf,$$

soit deux fois la longueur hf mesurée directement.

L'angle BHF = 3—1 ; l'angle BFH = 4—2.

La base et les deux angles adjacents étant connus, on aura graphiquement ou par le calcul les distances HB et FB.

G. — ABCD *est la tranchée ennemie.*

De la position française en H on prend d'enfilade la face BC du saillant B. Quelle est la distance de la face ainsi battue? (fig. 57).

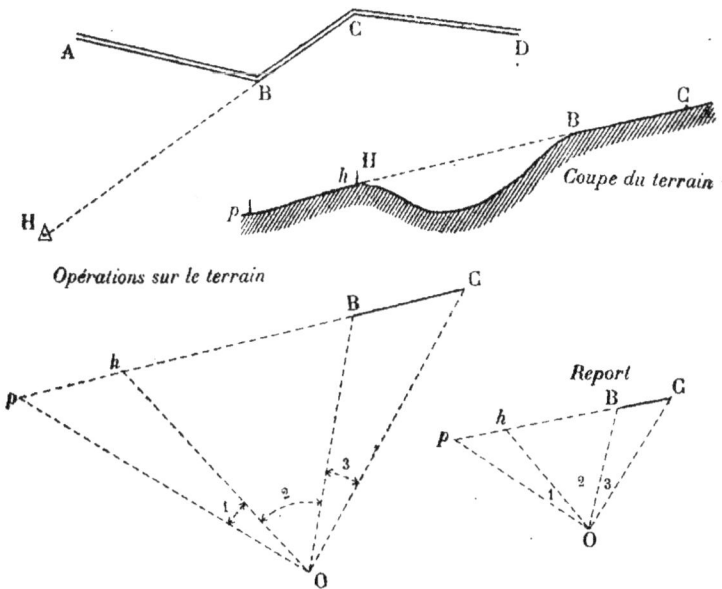

Coupe du terrain

Opérations sur le terrain

Report

Fig. 57.

Marquer par deux piquets *p* et *h* deux points dans l'alignement de la face BC.

Choisir dans la zone abritée un point O d'où il soit possible de voir les deux piquets et la face du saillant.

Du point O lever les angles 1, 2 et 3 ; mesurer au pas O*h* et O*p;* l'opération est terminée sur le terrain.

REPORT. — Par un point O pris comme sommet faire les

angles 1, 2 et 3 ; porter sur O*p* à une échelle convenablement choisie la longueur O*p ;* sur O*h*, la longueur O*h*.

Joindre *p* et *h* et prolonger ; BC mesuré à l'échelle
donnera la longueur de la face BC de la tranchée ennemie.

On aura ainsi en mesurant OB et OC les distances du
saillant B et du rentrant C au point d'observation.

Si on dispose du temps nécessaire, on peut vérifier par le
calcul.

H. — *Lever un saillant de la ligne ennemie :*

Soit la ligne ennemie ABCDE. Il faut relever le saillant
BCD (fig. 58).

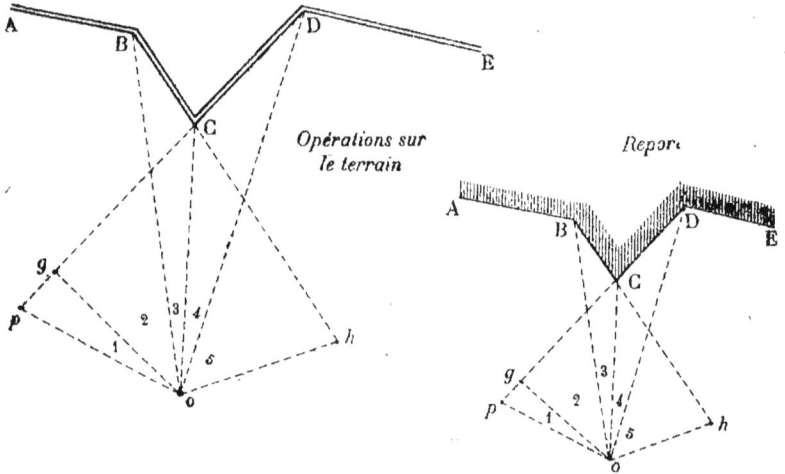

Fig. 58.

Prenons un point d'observation O. Plaçons sur le terrain
trois piquets : deux en *p* et *g* dans l'alignement de la face CD
et un en *h* dans l'alignement de la face BC.

Du point O mesurons les angles 1, 2, 3, 4 et 5 et les
longueurs O*p*, O*g* et O*h*.

Les opérations sur le terrain sont terminées.

REPORT. — Le report s'effectuera comme dans le cas
précédent.

Par un point O pris comme sommet, faisons les angles 1, 2, 3, 4 et 5.

Plaçons p et g dont le prolongement nous donnera la face CD; nous aurons de même la face BC.

En procédant ainsi de proche en proche on pourrait lever l'ensemble de la ligne ennemie.

I. — *Lever la ligne ennemie :*

Soit une crête battue par le feu de l'ennemi, mais sur laquelle certains points tels qu'un boqueteau en H, un arbre isolé en R, un pli de terrain en L, une ferme en ruines en M peuvent servir d'abris et permettent d'avoir des vues sur la position de l'ennemi.

Fig. 59.

On peut dans la zone abritée tracer et vérifier avec la boussole « Peigné » un cheminement ABCDEG en utilisant le terrain et lui rattacher par des traverses également levées à la boussole les points d'observation choisis sur la crête.

On aura ainsi une base exactement déterminée en longueur et en direction; les sommets H, R, L et M constitueront autant de postes d'observation permettant de lever par intersection tous les détails de la position ennemie. Il suffira de prendre avec le cercle de visée les angles nécessaires.

De plus, si on a le soin de marquer exactement en H, R, L et M le point de station du cercle de visée, on pourra de ces points surveiller tous les jours la position ennemie et relever rapidement tous les changements et toutes les modifications survenus.

La disposition de tous les points du dispositif ennemi sera donc déterminée graphiquement par intersection ; elle pourra être très rapidement vérifiée par le calcul direct.

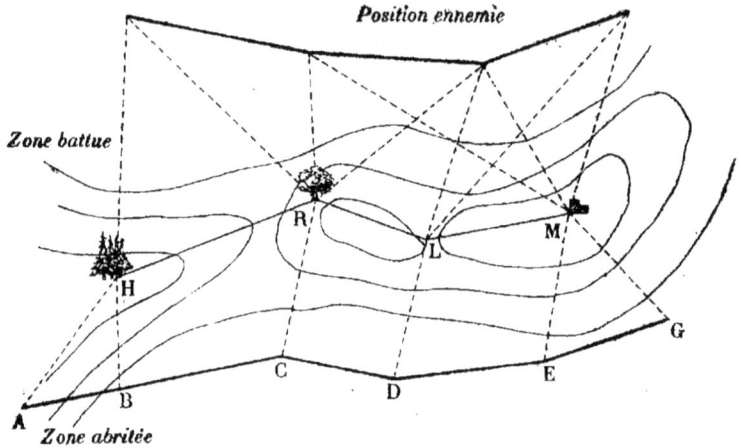

Fig. 60.

J. — *Un observateur en reconnaissance est arrivé au point O d'où il peut prendre des renseignements intéressants sur la position ennemie.*

Ignorant la position exacte du point O il veut la rattacher à deux points remarquables, la ferme C et l'arbre M, qu'il sait être marqués sur le plan directeur au $\frac{1}{5.000}$.

Comment opérera-t-il ?

Il suffira de prendre du point O l'azimut de OC et l'azimut de OM.

$$\text{Az OC} = 54° \qquad \text{Az OM} = 130°$$

Pour placer le point O sur le plan au $\frac{1}{5.000}$ il opérera de la façon suivante :

L'azimut OC et l'azimut CO différent de 180° [1].

$$CO - OC = 180°$$
$$CO = 180 + OC = 180 + 54 = 234°$$
$$\text{De même : } MO - OM = 180°$$
$$MO = 180 + OM = 180 + 130 = 310°.$$

Fig. 61.

Sur le plan au $\frac{1}{5.000}$, faisons en C un azimut égal à 234°;

en m un azimut égal à 310°; au point d'intersection nous aurons le point d'observation O placé sur le plan.

On voit, par les quelques exemples que je viens de donner, que les instruments dont le régiment et le bataillon sont dotés permettent de résoudre presque

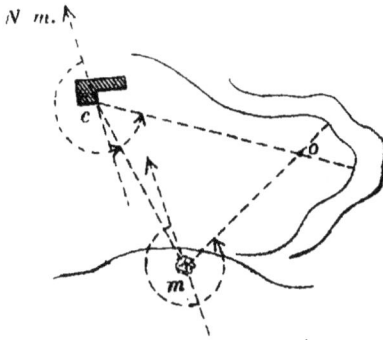

Fig. 62.

tous les problèmes qui se présentent à l'officier ou au sous-

[1] *Topographie de campagne*, t. I, n° 16.

officier de renseignements dans la guerre de position ou de mouvement.

Il suffira le plus souvent de combiner, suivant les cas, les méthodes indiquées, pour obtenir une solution rapide ; mais il ne faudra pas perdre de vue que la solution graphique ne vaudra dans aucun cas la solution fournie par le calcul trigonométrique, que l'emploi de la table donnée plus haut rend bien facile.

Planimétrie et nivellement.

K. — *Formules générales :*

Soient deux obliques issues du même point A, l'oblique AO et l'oblique AE.

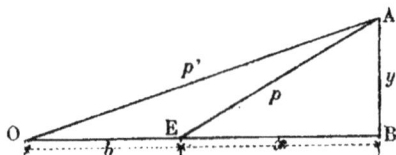

Désignons par p' la pente de OA ; par p la pente de AE ; il est évident que p sera toujours plus grand que p'.

Appelons b la longueur OE, x la longueur EB.

Fig. 63.

Dans le triangle ABE nous aurons :

$$\frac{AB}{x} \quad p .$$

Dans le triangle ABO :

$$\frac{AB}{b+x} = p'$$

$$AB = px ; \qquad AB = p' (b+x)$$
$$AB = p'b + p'x$$
$$px = p'x + p'b$$
$$px - p'x = p'b$$
$$x (p - p') = p'b$$
$$x = \frac{p'b}{p - p'}$$

$$\frac{y}{x}=p; \qquad y=px; \qquad y=\frac{pp'b}{p-p'},$$

Formule ι
$$\begin{cases} \text{La distance : } & x=\dfrac{p'b}{p-p'}. \\[2mm] \text{La différence de niveau : } & y=\dfrac{pp'b}{p-p'}. \end{cases}$$

L. — Soient les deux obliques OB et AB; la pente de AB $= p$; la pente de OA $= p'$; appelons OB la base b; l'angle de pente de OB $= a$.

Désignons par x la distance horizontale OH et par y la hauteur AH.

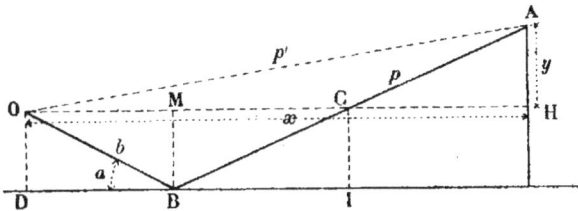

Fig. 64.

Calculons x et y.

Dans le triangle AHO nous avons $\dfrac{y}{x}=p'$.

Dans le triangle ACH nous avons $\dfrac{y}{\text{CH}}=p$.

$$y=p'x; \qquad y=p\times\text{CH}$$
$$\text{CH}=x-\text{OC}$$
$$\text{OC}=\text{OM}+\text{MC}$$
$$\text{OM}=\text{DB}=b\cos a$$
$$\frac{\text{CI}}{\text{BI}}=p$$
$$\text{CI}=\text{OD}=b\sin a$$
$$\text{BI}=\text{MC}$$
$$\frac{\text{OD}}{\text{MC}}=p$$

$$\frac{b \sin a}{MC} = p$$

$$MC = \frac{b \sin a}{p}$$

$$OC = b \cos a + \frac{b \sin a}{p}$$

$$CH = x - \left(b \cos a + \frac{b \sin a}{p} \right)$$

$$y = p \left(x - b \cos a - \frac{b \sin a}{p} \right)$$

$$y = px - pb \cos a - b \sin a$$

$$p'x = px - pb \cos a - b \sin a$$

$$pb \cos a + b \sin a = (p - p') x$$

$$x = \frac{b (p \cos a + \sin a)}{p - p'}$$

$$y = p'x$$

$$y = \frac{p'b (p \cos a + \sin a)}{p - p'}.$$

Formule 2.
$$\begin{cases} \text{Distance horizontale} : x = \dfrac{b (p \cos a + \sin a)}{p - p'}. \\ \text{Différence de niveau} : y = \dfrac{p'b (p \cos a + \sin a)}{p - p'}. \end{cases}$$

M. — Soient deux obliques AK et AL issues du même point ; $p =$ pente de l'oblique AK ; $p' =$ pente de l'oblique AL ; une verticale EI. Désignons par m la longueur DE.

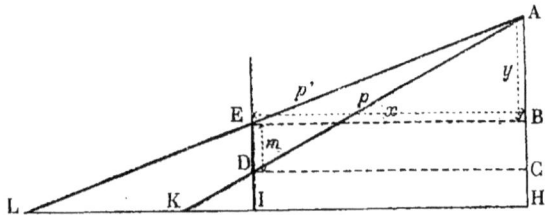
Fig. 65.

Calculons x et y.

Dans le triangle ABE nous avons $\frac{AB}{x} = p'$.

Dans le triangle ACD nous avons $\dfrac{AC}{x} = p$.

p est toujours plus grand que p'.

Faisons la soustraction $\dfrac{AC}{x} - \dfrac{AB}{x} = p - p'$.

$$AC - AB = BC = m$$

$$\frac{m}{x} = p - p' ; \qquad x = \frac{m}{p - p'}.$$

Dans le triangle ABE nous avons :

$$\frac{y}{x} = p' ; \qquad y = p'x = \frac{p'm}{p - p'}.$$

Formule 3. $\begin{cases} \text{Distance horizontale} : x = \dfrac{m}{p - p'}. \\ \text{Différence de niveau} : y = \dfrac{p'm}{p - p'}. \end{cases}$

Ces trois formules permettent de résoudre rapidement de nombreux problèmes de planimétrie et de nivellement.

N. — *Un poste d'observation allemand est placé en O. Calculer sa distance et sa cote.*

Mesurer sur le terrain une base telle que les trois points O, R, P soient sur le même alignement; RP = 300 m; mesurer avec le cercle de visée transformé en niveau à perpendicule les angles de pente ORB et OPB; soit ORB = 320 millièmes et OPB = 195 millièmes.

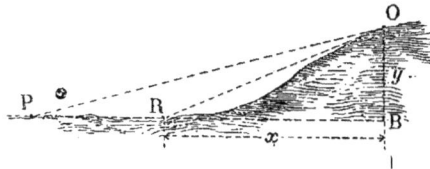

Fig. 66.

Il faut calculer la distance RB et la hauteur BO.

Appliquons la formule 1 :

$$x = \frac{p'b}{p-p'} \qquad p = \text{tang de l'angle de 320 millièmes} = 0,325$$

$$y = \frac{pp'b}{p-p'} \qquad p' = \quad - \quad - \quad 195 \quad - \quad = 0,194$$

$$b = 300 \text{ m}$$

$$x = \frac{0,194 \times 300}{0,325 - 0,194} = 444 \text{ m}$$

$$y = 444 \times 0,325 = 144^\text{m}30.$$

L'observatoire allemand est à $444 + 300 = 744$ m du point d'observation P et à 144 m au-dessus.

O. — *Résoudre le même problème avec la planchette et l'alidade nivelatrice.*

Mesurer la base PR = 300 m.

Se placer en station en P; viser O; l'alidade indique 9 divisions; aller en R, se mettre en station et viser O; l'alidade indique 13 divisions.

$$p = \frac{13}{100}; \qquad p' = \frac{9}{100}.$$

Appliquons la formule 1 :

$$x = \frac{p'b}{p-p'} \qquad y = \frac{pp'b}{p-p'}$$

$$x = \frac{300 \times \frac{9}{100}}{\frac{13}{100} - \frac{9}{100}} = \frac{300 \times 9}{4} = 675 \text{ m}$$

$$y = 675 \times \frac{13}{100} = 87^\text{m}75.$$

P. — Il peut arriver qu'il ne soit pas possible de trouver une surface plate assez grande pour former une base suffisante ; le terrain peut présenter par exemple les dispositions indiquées sur la figure :

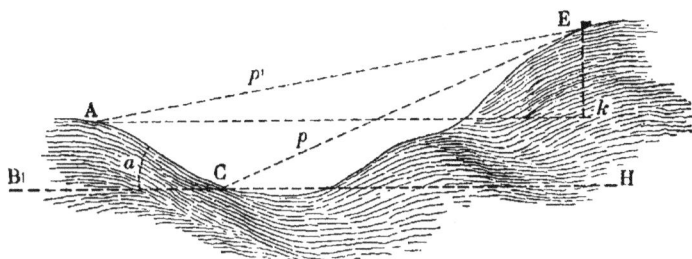

Fig. 67.

Dans ce cas on tracera la base sur le flanc en ayant toujours soin que les trois points AC et E soient dans le même alignement.

En A prendre avec le niveau à perpendicule l'angle de pente EAK = 195 millièmes.

Mesurer la base AC = 120 m.

En C prendre l'angle de pente ECH = 300 millièmes et l'angle de pente ACB = 250 millièmes.

Appliquons la formule 2 :

$$x = \frac{b\,(p\cos a + \sin a)}{p - p'}; \quad y = \frac{p'b\,(p\cos a + \sin a)}{p - p'}.$$

Nous avons dans la table :

$$\operatorname{tang} 300 = p = 0,306$$
$$\operatorname{tang} 195 = p' = 0,194$$
$$\sin a = \sin 250 = 0,242$$
$$\cos a = \cos 250 = 0,970$$
$$x = \frac{120\,(0,306 \times 0,970 + 0,242)}{0,306 - 0,194} = 577 \text{ m}$$
$$y = 577 \times 0,194 = 111^{m}94.$$

Le poste ennemi est à 577 m du point A et à 112 m au-dessus.

Q. — Utilisons pour résoudre la même question une branche d'arbre à laquelle nous attacherons un cordeau lesté d'un caillou assez lourd pour amener la rigidité et donner la verticale.

Reculons-nous et plaçons-nous en arrière dans l'alignement IA en laissant un aide en I.

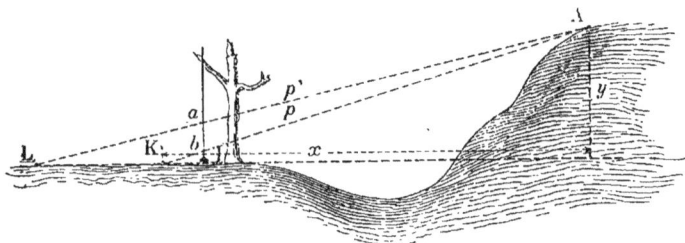

Fig. 68.

En L, couchons-nous et visons le point A ; l'aide marquera sur le cordeau le point correspondant a ; allons vers I ; comptons 10 m par exemple et arrêtons-nous en K ; visons le point A ; l'aide marquera le point correspondant b ; mesurons la longueur KI, les opérations sont terminées sur le terrain.

Application numérique :

On a mesuré LK = 10 m ; KI = 4 m.

L'aide a marqué les points a et b, et mesuré

$$aI = 1^m 78 \qquad bI = 0^m 52.$$

Appliquons la formule 3 :

$$x = \frac{m}{p - p'} = \frac{1,26}{p - p'}$$

$$p = \frac{0,52}{4} = 0,130$$

$$p' = \frac{1,78}{14} = 0,127$$

$$x = \frac{1,26}{0,130 - 0,127} = \frac{1,26}{0,003} = 420 \text{ m}$$

$$y = \frac{p'm}{p - p'} = 420 \times 0,127 = 53^m 34.$$

Les longueurs LK et KI doivent être mesurées très exactement au décamètre et non au double pas.

R. — Il existe souvent dans le secteur visible des points remarquables et accessibles qu'il faut savoir utiliser, suivant les circonstances ; on peut avoir par exemple une maison encore intacte ou bien les ruines d'une ferme ou d'un château dont il ne reste plus debout que quelques pans de mur qui peuvent servir de repère.

Fig. 69.

Supposons une maison intacte en M et un pan de mur en P ; il faudra dès que l'on aura le temps nécessaire faire la silhouette de la maison et mesurer la hauteur des détails principaux au-dessus du sol, comme l'indique la figure 70.

Il suffira pour cela de se placer à une certaine distance de la maison, 100 m par exemple, et de prendre au niveau à perpendicule les angles correspondants. Dans chaque triangle la hauteur h du point considéré est donnée par la relation $\frac{h}{100} = \tan g\, a$ ou $h = 100 \tan g\, a$; à quoi il faudra ajouter la hauteur au-dessus du sol, de l'œil de l'observateur.

Il est donc très facile de faire la silhouette de la maison et de coter les détails principaux : portes, balcon, cheminée, faîte, pignon, etc., une fois pour toutes. On fera de même la silhouette cotée du pan de mur.

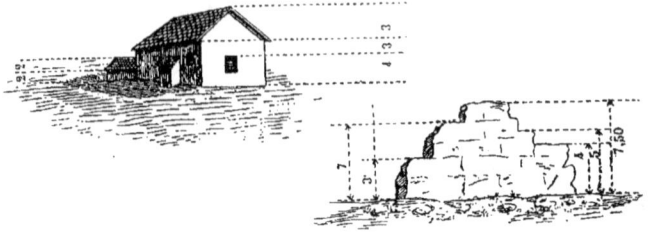

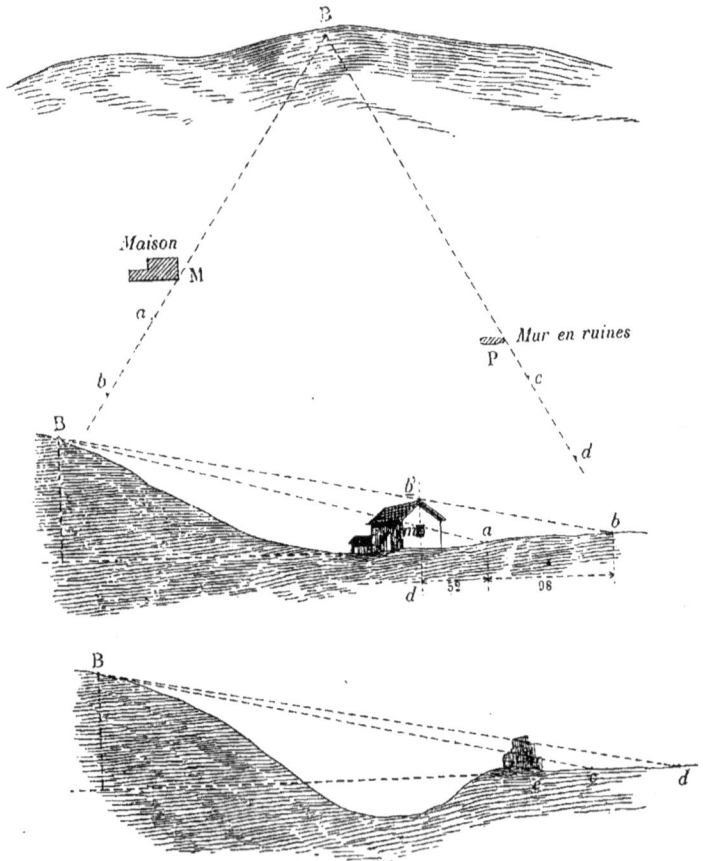

Maison

M

Mur en ruines

P

Fig. 70.

Dans sa tournée du matin l'officier de renseignements remarque que l'ennemi a travaillé pendant la nuit et que les travaux de terrassement sont visibles en B (fig. 70).

Immédiatement il se place dans l'alignement MB, avance ou recule sur cette ligne jusqu'à ce que son rayon visuel tangent au pignon de la maison passe par le point B ; il marque ce point *b* et continue sa marche jusqu'en *a*, point où son rayon visuel passant par-dessus la fenêtre, passe aussi par le point B.

Il connaît ainsi la distance *ba*; il mesure la distance *ad*; et il n'a pas besoin d'autres renseignements.

En effet, sur la silhouette il trouve que la distance verticale entre le pignon et le bord supérieur de la fenêtre est de 6 m ; il connaît : $ab = 98$ m ; $ad = 52$ m.

Appliquons la formule n° 3 :

$$x = \frac{m}{p - p'} \qquad m = 6$$

$$x = \frac{6}{p - p'} \qquad p = \frac{4}{52}$$

$$p' = \frac{10}{150}$$

$$p - p' = 0,01025$$

$$x = \frac{6}{0,01025} = 585 \text{ m}$$

$$y = \frac{p'm}{p - p'} = 585 \times \frac{10}{150} = 39 \text{ m}.$$

Les travaux ennemis sont à 585 m de la maison prise comme point de repère et à 39 m au-dessus.

Une opération identique faite en prenant comme point de repère le mur en ruines donnerait une vérification rapide.

Sur le terrain il sera généralement possible de trouver des points de repère dont la silhouette peut être cotée d'avance une fois pour toutes ; on pourra prendre un arbre facile à reconnaître, le pilier d'angle d'un mur de clôture, une cheminée d'usine, un poteau télégraphique, etc., etc.

S. — Soient m une longueur constante ; les distances a, b et d mesurées sur le terrain ; il faut calculer x et y.

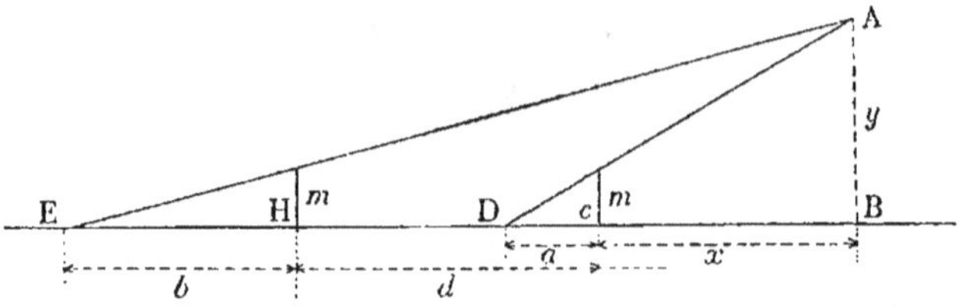

Fig. 71.

Dans le triangle ABD nous avons :

$$\frac{y}{x+a} = \frac{m}{a}.$$

Dans le triangle ABE :

$$\frac{y}{x+d+b} = \frac{m}{b}$$

$$ay = mx + am; \qquad by = mx + dm + bm$$

$$y = \frac{mx + am}{a}; \qquad y = \frac{mx + dm + bm}{b}$$

$$\frac{mx + am}{a} = \frac{mx + dm + bm}{b}.$$

$$bmx + abm = amx + adm + abm$$

$$bx + ab = ax + ad + ab$$

$$bx - ax = ad$$

$$x = \frac{ad}{b-a}.$$

$$\frac{y}{x+a} = \frac{m}{a}$$

$$ay = mx + am$$

$$ay = \frac{mad}{b-a} + am$$

$$aby + a^2y = mad + abm - a^2m$$

$$by - ay = md + bm - am$$

$$y(b-a) = m(d+b-a)$$

$$y = \frac{m(d+b-a)}{b-a}$$

Formule 4. $\begin{cases} \text{Distance horizontale : } x = \dfrac{ad}{b-a}. \\ \text{Différence de niveau : } y = \dfrac{m\,(d+b-a)}{b-a}. \end{cases}$

T. — *Application numérique :* Soit le point A dont on veut calculer la distance. Sur une perche marquons de façon apparente une hauteur quelconque, 3 m par exemple. Un aide tient la perche en B; on cherche le point d'où couché sur le sol on peut faire passer un rayon visuel par B et par A ; soit D ce point.

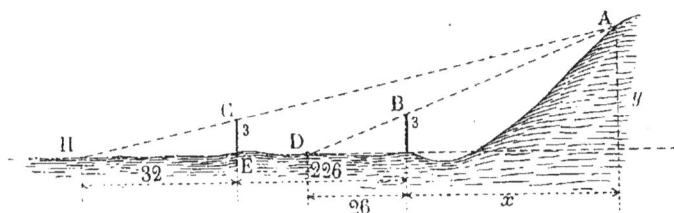

Fig. 72.

On mesure la distance de ce point à la perche, soit 26 m, on mesure ensuite dans l'alignement BA une base de 200 m par exemple ; l'aide tient la perche en E; on cherche le point H d'où on peut faire passer un rayon visuel par CA ; on mesure HE = 32 m.

On a ainsi :

$$m = 3 \text{ m} ; \qquad a = 26 \text{ m}$$
$$b = 32 \text{ m} ; \qquad d = 226 \text{ m}.$$

Appliquons la formule 4 :

$$x = \frac{ad}{b-a} \qquad x = \frac{26 \times 226}{32 - 26} = \frac{5{,}876}{6} = 979 \text{ m}.$$
$$y = \frac{m\,(d+b-a)}{b-a} = \frac{3\,(226 + 32 - 26)}{32 - 26} = \frac{3 \times 232}{6} = 116 \text{ m}.$$

L'approximation sera d'autant plus grande que les longueurs *a* et *b* auront été mesurées avec le plus de soin.

U. — On peut avoir à prendre les angles de pente avec la réglette ; on opérera de la façon suivante :

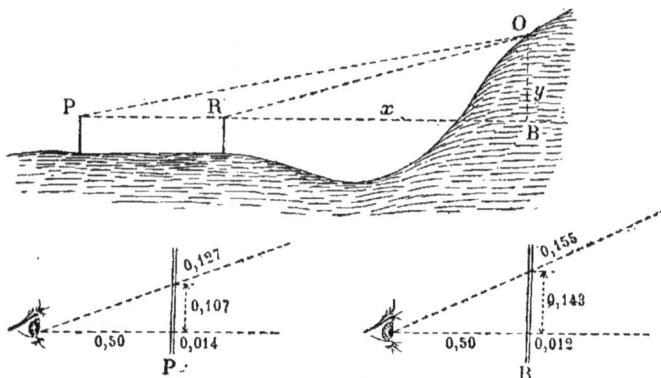

Fig. 73.

La base mesurée $= 250$ m.

En P on lit sur la réglette 107 mm.

La pente de l'oblique PO sera exprimée par le rapport $\dfrac{0,107}{0,50}$ et en multipliant par 2.000.

$$\frac{0,107}{0,50} \times 2.000 = \frac{214}{1.000}.$$

La pente de l'oblique RO sera égale à $\dfrac{286}{1.000}$.

Dans le triangle OBR nous avons :

$$\frac{y}{x} = \frac{286}{1.000}.$$

Dans le triangle OBP :

$$\frac{y}{x+b} = \frac{214}{1.000}.$$

$$y = x \times \frac{286}{1.000} \qquad y = \frac{214\,(x+b)}{1.000}$$

$$286\,x = 214\,x + 214\,b$$

$$x\,(286 - 214) = 214 \times 250$$

$$x = \frac{53500}{72} = 743 \text{ m}$$

$$y = 743 \times \frac{286}{1.000} = 212^{\text{m}}50.$$

Généralisons pour trouver la formule générale.

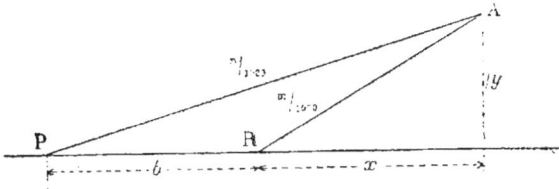

Fig. 74.

Soit $b =$ base.

Angle $R = \dfrac{m}{1.000}$; angle $P = \dfrac{n}{1.000}$.

m sera toujours plus grand que n.

Nous avons :

$$\frac{y}{x} = \frac{m}{1.000} \qquad \frac{y}{b+x} = \frac{n}{1.000}.$$

$$y = \frac{mx}{1.000}; \qquad y = \frac{nx + bn}{1.000}$$

$$\frac{mx}{1.000} = \frac{nx + bn}{1.000}$$

$$x\,(m - n) = bn$$

Formule 5 : $x = \dfrac{bn}{m - n}$

(formule facile à retenir).

V. — Soient deux obliques AB et CB de même sens ;

$p =$ pente de AB; $p' =$ pente de CB; AC $= h =$ la diffé-rence des cotes de A et de C.

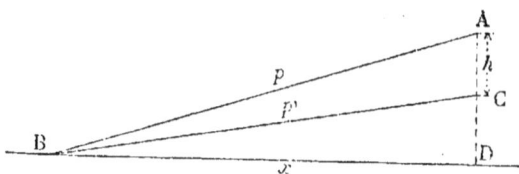

Fig. 75.

Calculons x.

$$\frac{AD}{x} = p$$

$$\frac{CD}{x} = p'$$

$$p - p' = \frac{AD}{x} - \frac{CD}{x}$$

$$\frac{AC}{x} = \frac{h}{x}$$

Formule 6 : $x = \dfrac{h}{p - p'}$.

W. .— Les deux obliques sont en sens contraire.

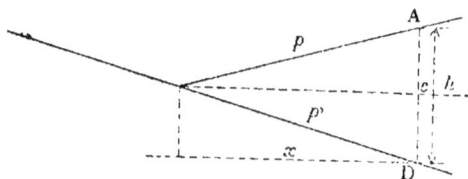

Fig. 76.

$$\frac{AC}{x} = p$$

$$\frac{CD}{x} = p' \qquad p + p' = \frac{AC}{x} + \frac{CD}{x}$$

$$= \frac{AD}{x} = \frac{h}{x}$$

Formule 7 : $x = \dfrac{h}{p + p'}$.

Ces formules trouvent leur application quand il s'agit de mesurer la hauteur de points remarquables que l'on doit utiliser comme repères.

X. — Soit à mesurer par exemple la hauteur h d'un arbre.

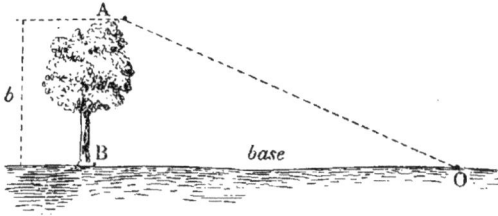

Fig. 77.

Mesurer une base $b = 50$ m.

Le terrain est horizontal.

L'angle AOB est égal à 195 millièmes.

$$h = \text{base} \times \text{tang } 195$$
$$= 50 \times 0,194 = 9^m 70.$$

Le terrain est incliné.

1er CAS. — En O viser B et A.

Angle ABC = 390 millièmes; angle AOB = 160 millièmes.

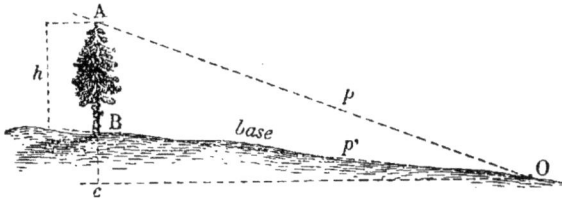

Fig. 78.

Pente $p = $ tang 390 $= 0,404$
— $p' = $ tang 160 $= 0,158$.

Appliquons la formule 6 :

$$cO = \frac{h}{p - p'}; \qquad cO = \text{base} \times \cos 160 = \frac{h}{p - p'}$$
$$h = \text{base} \times \cos 160 \,(\text{tang } p - \text{tang } p')$$
$$= 50 \times 0,988 \,(0,404 - 0,158) = 12^{m}15.$$

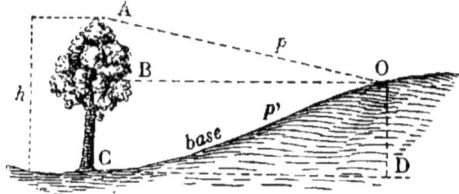

Fig. 79.

2ᵉ Cas. — Angle AOB = 160 millièmes ; angle BOC = 195 millièmes.

Appliquons la formule 7 : $CD = \dfrac{h}{p + p'}$:

$$CD = \text{base} \cos p'$$
$$h = \text{base} \times \cos p' \,(\text{tang } p + \text{tang } p')$$
$$= 50 \times 0,988 \,(0,158 + 0,194) = 17^{m}39.$$

Y. — On veut construire des abris à l'épreuve en utilisant la pente AE ; les abris auront 12 m de terre au-dessus du plafond ; les escaliers d'accès seront inclinés à 1/1. *Comment déterminer le point d'attaque des travaux?*

Je suppose le problème résolu ; soit D le point d'attaque.

AC = la hauteur de terre prévue plus la hauteur de l'abri.

AC = 12 + 2 = 14 m.

La pente mesurée = 23°.

Nous avons (formule 7) :

$$BD = \frac{14}{p + p'} = \frac{14}{\text{tang } 23° + \text{tang } 45°}$$
$$= \frac{14}{0,424 + 1} = \frac{14}{1,424} = 9^{m}80$$
$$= AD \cos 23° = AD \times 0,921$$

$$AD = \frac{9,80}{0,921} = 10^m 60 \text{ soit } 11 \text{ m.}$$

Il suffira de mesurer 11 m à partir de la crête pour avoir le point d'attaque.

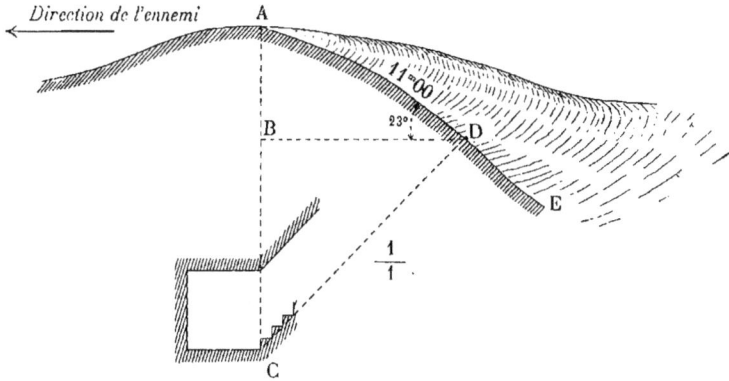

Fig. 80.

Z. — *Faire le profil du terrain entre les points O et B.*

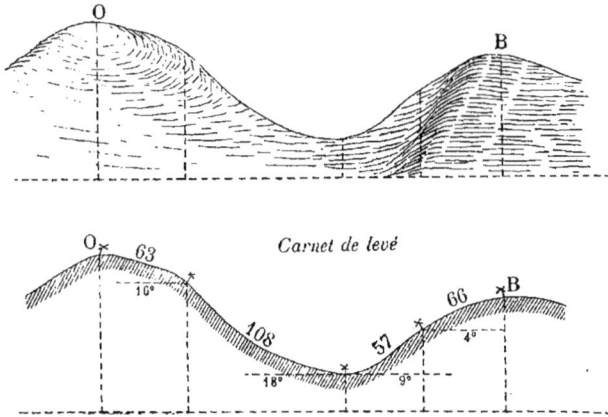

Fig. 81.

J'ai indiqué en détail dans le livre du chef de section, les différents procédés pour lever un profil du terrain suivant une direction donnée.

Je suppose que le carnet de levé a été tenu sur le terrain comme je l'ai indiqué ; il s'agit maintenant de reporter le profil avec précision[1].

Calculs.

60 doubles pas pour 100 m ; cote du point O = 80 m.

$$\frac{63 \times 10}{6} = 105 \text{ m}$$

$$\frac{108 \times 10}{6} = 180 \text{ m}$$

$$\frac{57 \times 10}{6} = 95 \text{ m}$$

$$\frac{66 \times 10}{6} = 110 \text{ m}.$$

			COORDONNÉES	
			Ordonnées	Abscisses
sin 16°	0,276	105	28,98	100,90
cos 16°	0,961			
sin 18°	0,309	180	55,62	171,18
cos 18°	0,951		84,50	
sin 9°	0,156	95	14,82	93,86
cos 9°	0,988			
sin 4°	0,070	103	7,21	102,79
cos 4°	0,998		22,03	
			62,47	408,73

Porter sur l'horizontale (ou axe des x) les abscisses et sur la verticale (ou axe des y) les ordonnées.

---

[1] *Topographie de campagne*, t. I, n°s 33 à 37.

La base ou distance horizontale entre O et B est de 468m73.

$$Report\ au\ \frac{1}{5.000}$$

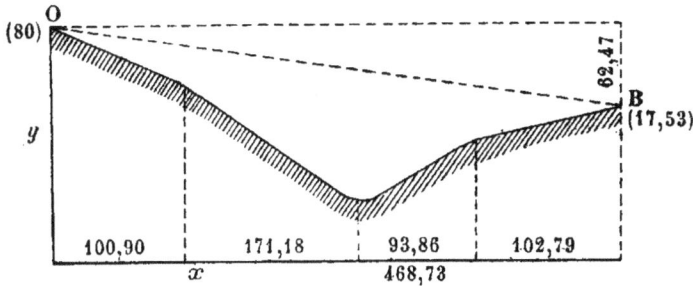

Fig. 82.

La différence de niveau, de 62m 47.

La pente de OB est égale à $\frac{62,47}{468,73} = 0,133$.

En cherchant dans la table on trouve :

$$0,133 = \tan B = \tan 7° 33'$$

L'angle de pente de l'oblique OB = 7° 33′.

A′. — *Des lignes de faîte O et P on distingue des travaux de terrassement faits par les Allemands en T. Comment procéder pour les repérer ?*

On choisira sur les lignes de faîte deux points O et P tels que O, P et T soient dans le même prolongement.

On fera ensuite le profil du terrain suivant OP, comme je viens de l'indiquer au paragraphe précédent; on obtiendra ainsi la distance horizontale entre O et P et la cote du point P, par rapport au point O.

Supposons que le profil OP ait donné les résultats suivants :

Cote O = 122 m
Cote P = 82
Différence : 40 m.

Distance horizontale : 228 m.

$$\text{Pente OP} = \text{tang OPH} = \frac{40}{228}.$$

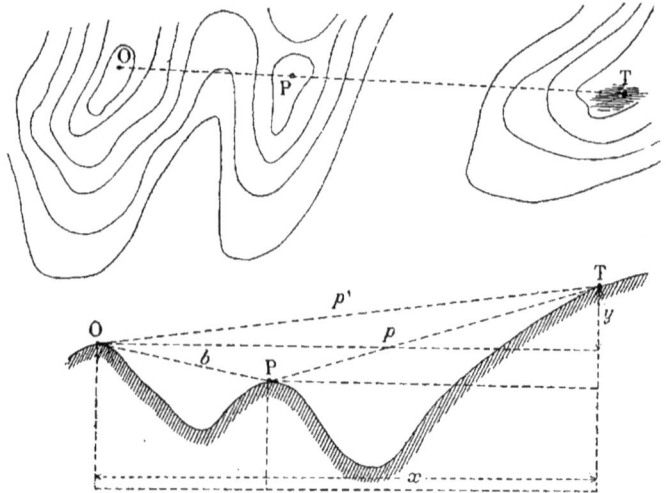

Fig. 83.

Du point O on a mesuré l'angle de pente OT = 13°, l'angle de pente OP = 10°.

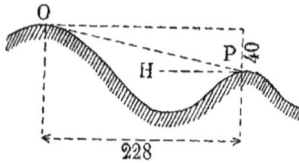

Fig. 84.

Du point P, l'angle de pente PT = 21°.
Appliquons la formule 2 :

$$x = \frac{b\,(p \cos a + \sin a)}{p - p'}$$

$b = \text{OP}$

$$228 = \text{OP} \cos 10°$$
$$228 = \text{OP} \times 0{,}985$$
$$\text{OP} = \frac{228}{0{,}985} = 231{,}50$$

$b = 231{,}50$
$p = \text{tang } 21° = 0{,}384$
$\cos a = \cos 10° = 0{,}985$
$\sin a = \sin 10° = 0{,}174$
$p' = \text{tang } 13° = 0{,}231$

$$x = \frac{231{,}50 \, (0{,}384 \times 0{,}985 + 0{,}174)}{0{,}384 - 0{,}231} = 835.$$

Les travaux allemands sont à 835 m du point d'observation O ; la cote du point T sera calculée comme il suit :

$$\frac{y}{x} = p' \qquad \frac{y}{x} = \text{tang } 13°$$
$$y = 835 \times 0{,}231 = 192{,}88$$
$$\text{Cote T} = \text{cote O} + 192{,}88 = 122 + 192{,}88 = 315 \text{ m.}$$

Comme moyen de vérification on peut remarquer que l'angle de pente OP a été mesuré sur le terrain et trouvé égal à 10°.

Par le calcul on a trouvé :

$$\text{Pente OP} = \text{tang OPH} = \frac{40}{228} = 0{,}176.$$

En cherchant dans les tables, on trouve que 0,176 est bien la tangente de l'angle de 10°.

Si le point d'observation P est plus élevé que le point d'observation O la formule à employer deviendra :

$$x = \frac{b \, (p \cos a - \sin a)}{p - p'}.$$

Les calculs sont identiques à ceux du cas précédent.

On remarquera que dans les deux cas il n'est pas nécessaire de reporter le profil du terrain de O en P, il suffit
d'effectuer les calculs indiqués au paragraphe L; ils donnent la différence de niveau entre O et T et la distance
horizontale entre ces deux points.

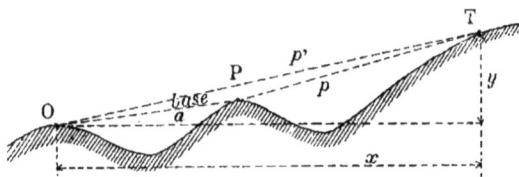

Fig. 85.

B'. — *De deux points A et B on a de très bonnes vues
sur le secteur ennemi; les deux points A et B ne sont pas
visibles l'un de l'autre. Comment opérer pour les rattacher?*

Il suffira dans tous les cas de faire le profil du terrain
suivant la direction AB, par la méthode indiquée au paragraphe Z.

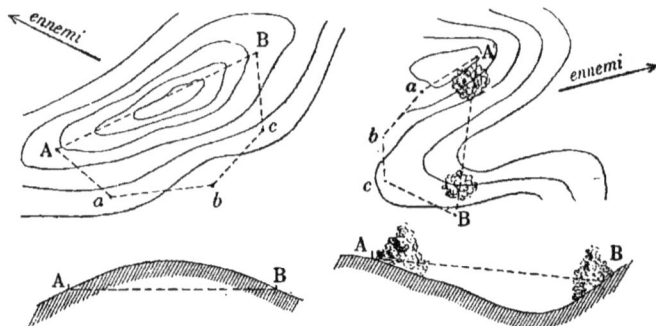

Fig. 86.

En calculant les abscisses et les ordonnées du profil on
aura avec une approximation largement suffisante la différence de niveau entre les deux points d'observation, et la
distance horizontale qui les sépare. La base AB sera donc
exactement déterminée en planimétrie et en nivellement.

Si le parcours AB sur un terrain battu par l'ennemi était trop dangereux, on tournerait la difficulté en levant le terrain suivant le cheminement A abc B établi en terrain défilé.

C'. — *Un abri de mitrailleuses ennemies est en M ; il n'est pas possible de trouver une base sur l'alignement AM. Comment repérer l'ouvrage ennemi ?*

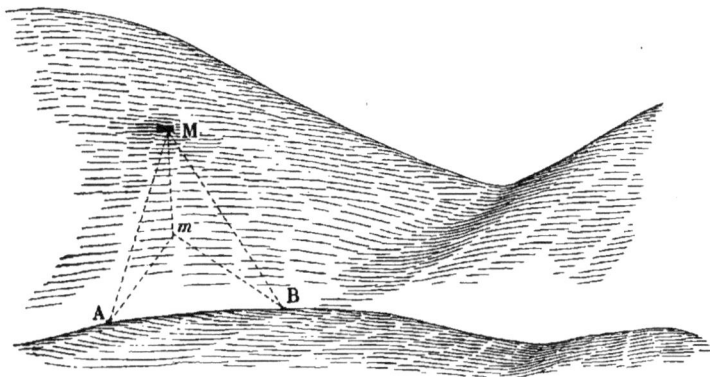

Fig. 87.

En A tracer une base et la mesurer.

Se mettre en station en A ; y faire deux opérations : la première, mesurer dans le plan horizontal l'angle MAB soit avec la boussole, soit avec le cercle de visée ; la seconde, prendre avec le niveau à perpendicule l'angle de pente AM ;

Se mettre en station en B ; mesurer dans le plan horizontal l'angle MBA et l'angle de pente BM.

En somme, de chaque station on a :

1° Un angle MAB, mesuré dans le plan horizontal, et un angle MAH, mesuré dans le plan vertical.

Application numérique.

Base AB = 250 m.

Station A :

Angle horizontal $= 73°$
—   vertical $= 12°$

Station B :

Angle horizontal $= 68°$
—   vertical $= 11°30'$.

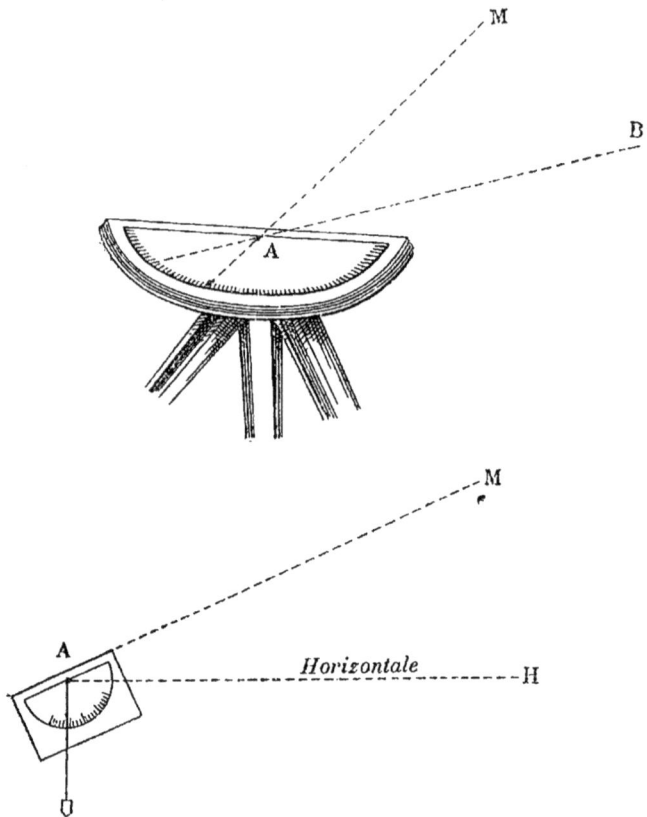

Fig. 88.

Dans le triangle horizontal mAB, m est la projection du

point M, A*m* la projection de la ·droite AM de l'espace, B*m* la projection de BM.

$$AB \text{ la base} = 250 \text{ m}$$
$$\text{Angle A} = 73°; \qquad \text{angle B} = 68°.$$

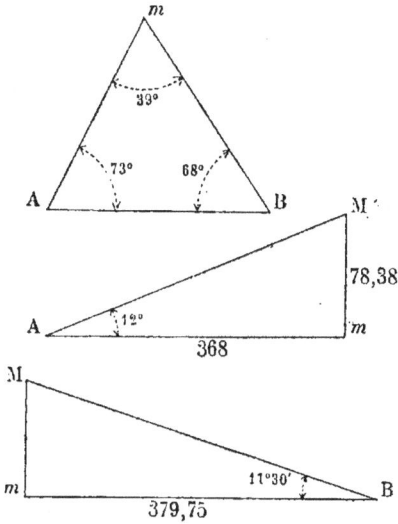

Fig. 89.

En appliquant la formule nous avons :

$$A m = AB \times \frac{1}{\sin m} \times \sin B$$
$$m = 180 - (73 + 68) = 180 - 141 = 39°$$
$$A m = 250 \times \frac{1}{\sin 39°} \times \sin 68°$$
$$= 250 \times 1,589 \times 0,927 = 368 \text{ m}.$$

Calculons maintenant la cote du point M.

Dans le triangle rectangle AM*m* nous connaissons la base A*m* que nous venons de calculer, 368 m, et l'angle de pente A*m* = 12°.

Nous avons :

$$\frac{Mm}{AM} = \tan 12°$$

$$Mm = AM \times \tan 12° = 368 \times 0,213 = 78^m 38.$$

Vérification. — Calculons le côté Bm du triangle AmB.

$$Bm = AB \times \frac{1}{\sin 39°} \times \sin 73° = 250 \times 1,589 \times 0,956 = 379^m 75.$$

Calculons la cote du point M.

Dans le triangle rectangle MmB nous avons :

$$\frac{Mm}{mB} = \frac{Mm}{379,75} = \tan 11° 30'$$

$$Mm = 379,75 \times 0,203 = 80,74$$

$$Mm = \frac{78,38 + 80,74}{2} = \frac{159,12}{2} = 79^m 50.$$

Méthode graphique. — Je puis faire tourner le triangle MmA autour de la verticale Mm jusqu'à ce que le côté Am devienne parallèle à la base AB ; si je fais faire le même mouvement de rotation au triangle MmB, les côtés mA et mB seront sur la même droite. Les triangles MmA et MmB se projetteront sur le plan vertical en vraie grandeur. De cette remarque découle la construction suivante :

Sur une droite traçons à une échelle convenable, $\frac{1}{4.000}$ par exemple, la base AB.

En B faisons avec un rapporteur de grand modèle (le rapporteur en service dans les postes d'observation a 11 cm de rayon) un angle de 68° ; en A, un angle de 73° ; si on ne dispose pas de rapporteur, tracer les angles avec les coordonnées prises dans la table (sinus et cosinus).

Le point d'intersection m donne la projection du point M de l'espace ; en m traçons une parallèle à AB ; élevons par le point m une perpendiculaire, et rabattons sur l'horizon-

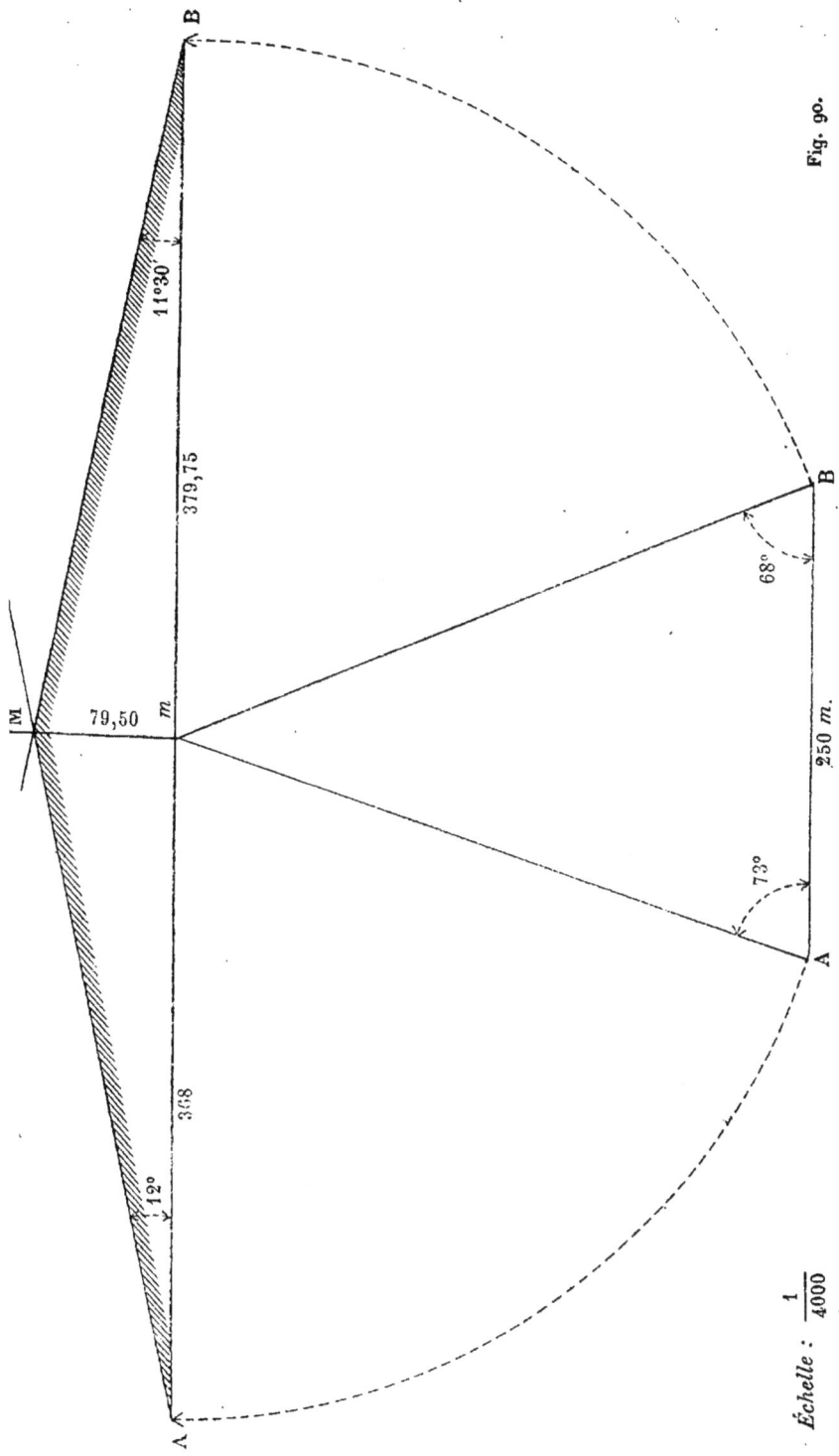

Fig. 90.

Échelle : $\frac{1}{4000}$

B

11°30'

379,75

M

79,50   m

368

12°

A

B

68°

250 m.

73°

A

tale A*m*B les côtés *m*B et *m*A ; au point A faisons un angle égal à 12° ; en B un angle égal à 11°3o, les deux directions doivent se couper sur la perpendiculaire M*m* ; M *m* mesure la différence de niveau entre le point M et le point A.

Le graphique ci-dessus a été dessiné à l'échelle du $\frac{1}{4.000}$; les angles ont été tracés avec un rapporteur de 11 cm de rayon ; en mesurant sur l'épure on trouve :

$$A m = 91 \text{ mm} \qquad 91 \times 4 = 364 \text{ m}$$
$$B m = 94 - \qquad 94 \times 4 = 376 -$$
$$M m = 19^{mm} 5o \qquad 19,5 \times 4 = 78 \text{ m.}$$

Le calcul a donné :

$$A m = 368 \text{ m}$$
$$B m = 379,75$$
$$M m = 79,5o.$$

Cet exemple démontre clairement combien il est facile d'obtenir sur le terrain même des renseignements précis et de les vérifier.

En somme, les opérations sur le terrain ont consisté à mesurer au pas une base de 25o m de longueur et à lever quatre angles avec les instruments mis à la disposition des officiers de renseignements, opérations qui ne demandent pas dix minutes de travail sur le terrain.

D′. — Si on avait à résoudre le problème précédent en pays accidenté, où il serait impossible de tracer une base suffisante en terrain plat ou sensiblement plat, il faudrait tenir compte des différences de niveau, qui en certaines régions peuvent être importantes.

L'abri ennemi est en M ; on peut l'observer des points A et B que l'on prend pour extrémités de la base.

On fera par la méthode indiquée le profil du terrain suivant la direction AB. On aura ainsi la distance entre les points A et B mesurée suivant l'oblique AB et la différence de niveau entre A et B.

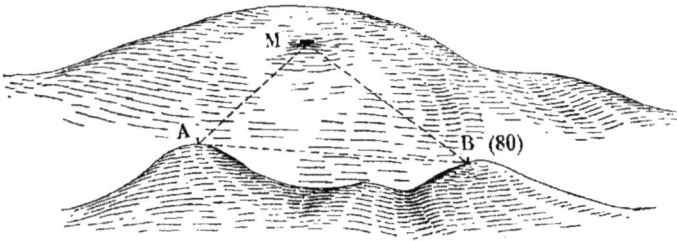

Fig. 91.

Supposons le plan horizontal passant par le point B.

m sera la projection de M; *a* la projection de A et le triangle AMB de l'espace sera projeté en *am*B; c'est ce triangle qu'il faut maintenant calculer.

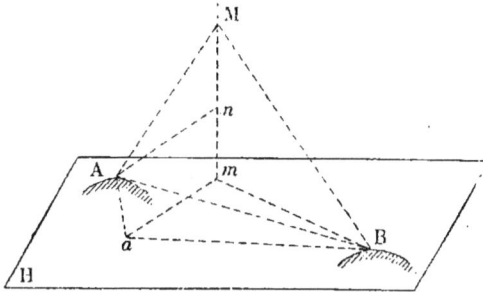

Fig. 92.

On a levé en A l'angle horizontal *ma*B = 75°; l'angle vertical ou angle de pente AM = 9°.

En B l'angle horizontal *m*B*a* = 45°; l'angle vertical ou angle de pente BM = 12°.

Le profil du terrain a donné *a*B = 510 m.

Différence de niveau entre B et A = 54 m.

Dans le triangle *ma*B **nous avons :**

$$am = 510 \times \frac{1}{\sin 60} \times \sin 45$$

$$Bm = 510 \times \frac{1}{\sin 60} \times \sin 75.$$

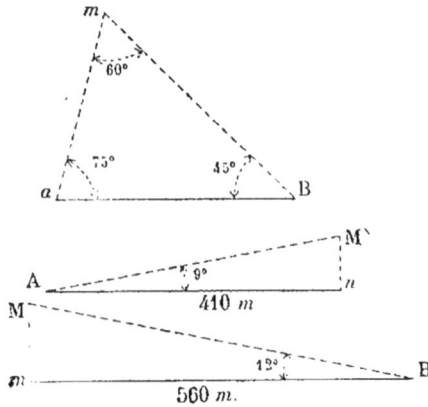

Fig. 93.

En résolvant :

$$am = 510 \times 1,155 \times 0,707 = 410 \text{ m}$$
$$Bm = 510 \times 1,155 \times 0,966 = 560 \text{ m}.$$

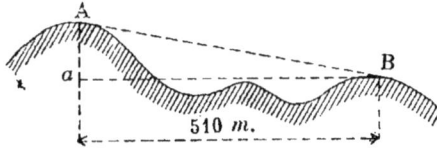

Fig. 94.

Dans le triangle rectangle AM*n* **nous avons :**

$$\frac{Mn}{410} = \text{tang } 9° = 0,158$$
$$Mn = 410 \times 0,158 = 63,78.$$

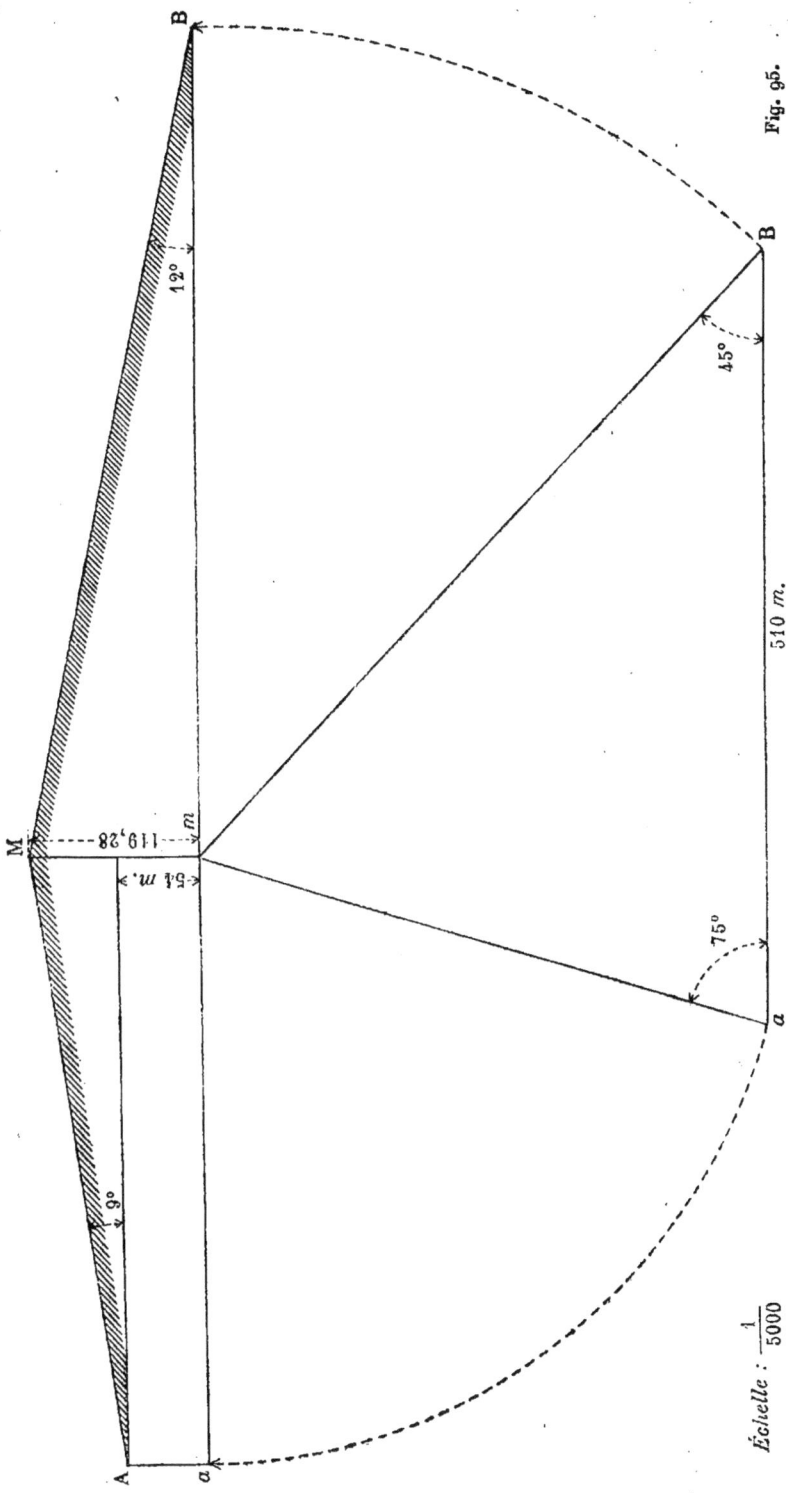

Fig. 95.

Échelle : $\frac{1}{5000}$

B

12°

M

119,28

54 m.

9°

A

a

B

45°

510 m.

75°

a

Dans le triangle rectangle MmB, nous avons :

$$\frac{Mm}{560} = \tan 12° = 0,213$$

$$Mm = 560 \times 0,213 = 119,28.$$

Cote initiale = cote B = 80 m.

Cote du point A = 80 + 54 = 134 m.

Cote du point M au-dessus du point B = 80 + 119,28 = 199^m 28.

Cote du point M au-dessus du point A = 134 + 64,78 = 198^m 78.

Cote du point M $= \dfrac{198,78 + 199,28}{2} = \dfrac{398,06}{2} = 199$ m.

L'abri ennemi est à 410 m de l'observatoire A; à 560 m de l'observatoire B; il est à la cote (199).

Solution graphique. — Le graphique sera établi en opérant comme au paragraphe précédent, il faudra seulement avoir soin de placer le point A au-dessus du point B, à une hauteur égale à la différence de niveau entre A et B donnée par le profil du terrain; soit 54 m dans le cas qui nous occupe.

Mm mesure la différence de cote entre M et A; Mn la différence de cote entre M et A.

Angle droit horizontal. — Il peut être utile de savoir résoudre quelques problèmes relatifs à l'angle droit.

E'. — *Par un point B pris sur un alignement AB, élever une perpendiculaire.*

Avec le cercle de visée :

Mettre le cercle en station en B; viser A, on lit sur la graduation extérieure 200 millièmes.

Ajouter 1.600 millièmes, soit 1.800; sans déplacer l'instrument amener l'index sur la graduation 1.800. Viser et envoyer un aide dans la direction en O.

L'angle AOB est droit.

Avec la boussole ordinaire :

Prendre l'azimut BA : 32° par exemple.

Ajouter 90° : 90 + 32 = 122°.

Faire tourner la boussole de droite à gauche jusqu'à ce que la pointe bleue de l'aiguille marque la division 122°.

Viser la ligne de foi 180 — 0 ; envoyer un aide dans la direction et marquer le point P. L'angle ABP est droit.

A 122° ajouter 180 : 122 + 180 = 302° ; faire tourner la boussole dans le même sens jusqu'à ce que la pointe bleue marque la division 302° ; viser avec la

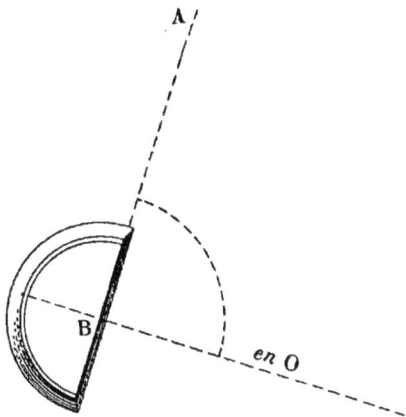

Fig. 96.

ligne de foi 180 — 0 ; envoyer un aide dans la direction et marquer le point O. L'angle ABO est droit.

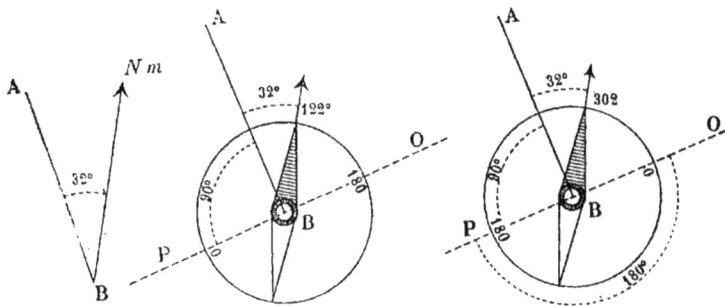

Fig. 97.

Vérification. — P, B et O sont sur le même alignement.

Application. — Une mitrailleuse ennemie est en M ; trouver sa distance au moyen de la boussole seule.

En A, d'où l'on aperçoit le poste ennemi, faire avec la boussole un angle droit; marcher sur la direction AC, en comptant les doubles pas jusqu'à ce qu'on puisse apercevoir M; soit B ce point; y planter un piquet; AB = 152 doubles pas.

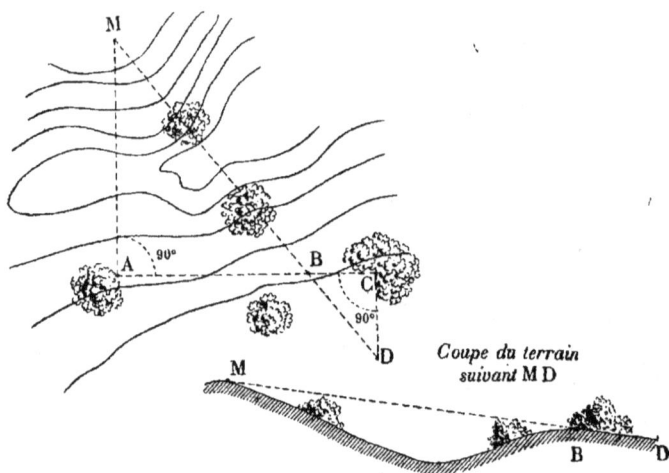

Coupe du terrain suivant M D

Fig. 98.

Continuer à marcher dans la direction BC, s'arrêter en C, pris arbitrairement; BC = 10 doubles pas.

En C faire un angle droit; marcher dans la direction CD; s'arrêter quand on arrive dans l'alignement MB; CD = 26 doubles pas.

Les deux triangles MAB, BCD sont semblables; nous avons :

$$\frac{MA}{AB} = \frac{CD}{BC}; \qquad \frac{MA}{152} = \frac{26}{10}$$

$$MA = \frac{26 \times 152}{10} \text{ doubles pas.}$$

Si l'on fait 60 doubles pas pour 100 m.

$$MA = \frac{26 \times 152 \times 10}{10 \times 6} = 658 \text{ m.}$$

Cette méthode peut être employée quand certaines dispositions des lieux empêchent de prendre de grandes bases ; elle exige que les longueurs BC et CD soient mesurées le plus exactement possible ; la détermination du point D doit être faite avec soin.

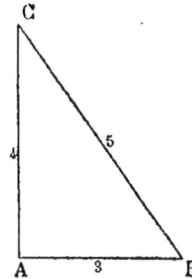

Fig. 99.

F′. — *Par un point A pris sur un alignement* AB, *élever une perpendiculaire.*

Dans tout triangle rectangle, le carré construit sur l'hypoténuse est égal à la somme des carrés construits sur les deux autres côtés.

Dans le triangle rectangle ABC dont les côtés sont respectivement égaux à 3 m, 4 m et 5 m, nous aurons bien :

$$3^2 + 4^2 = 5^2$$
$$9 + 16 = 25.$$

On peut sans rien changer à la relation multiplier chaque terme de l'égalité par un facteur entier quelconque :

$$\overline{3 \times 2}^2 + \overline{4 \times 2}^2 = \overline{5 \times 2}^2 \qquad 36 + 64 = 100.$$

Prenons un cordeau sur lequel nous avons mesuré et marqué dans l'ordre des longueurs égales à 3, 4 et 5 m.

Appliquer *ab* dans la direction AB ; envoyer un aide tendre le cordeau en avant de AB, en tenant

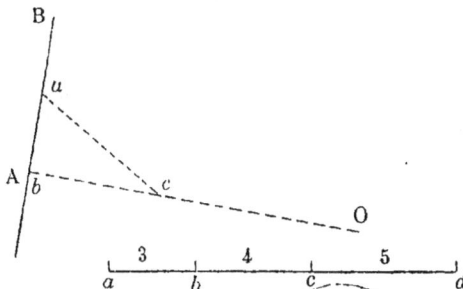

Fig. 100.

c dans la main; un deuxième se retourne vers B et prenant le cordeau fait coïncider *d* avec *a*.

Quand le cordeau est bien tendu et que *d* est sur *a*, l'angle BAO est droit.

Si la direction AO doit être prolongée assez loin de A, on pourra prendre pour côtés du triangle rectangle 6, 8 et 10 m.

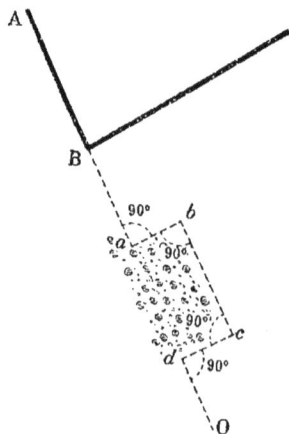

Fig. 101.

Application. — Il y a intérêt à prolonger l'alignement d'un élément de tranchée ennemie; dans cette opération on est gêné par un obstacle.

Comment le tourner?

La figure indique la solution; en *a* faire un angle droit; prendre sur *ab* une longueur suffisante pour dépasser l'obstacle; faire en *b* un angle droit; marcher sur *bc* jusqu'à ce que l'obstacle soit dépassé; en *c* faire un angle droit; porter sur *cd* une longueur égale à *ba*; en *d* faire un angle droit; *d*O donne sur le terrain l'alignement AB.

G'. — *Par un point O abaisser une perpendiculaire sur la direction AB; ou bien trouver la distance d'un point donné O à un alignement donné AB.*

1re SOLUTION. — Mesurer sur AB une longueur quelconque CD et la prendre pour base.

Si nous connaissions *m* et *n* le problème serait résolu.

En C levons l'angle horizontal OCD; en D l'angle horizontal ODC; nous connaissons dans le triangle OCD la base CD et les deux angles adjacents.

En appliquant la formule donnée nous aurons : $OC = base \times \sin D \times \dfrac{1}{\sin O}$; OC étant connu, nous aurons $m = OC \cos C$.

En portant du point C vers D une longueur égale à m,
nous aurons en E le pied
de la perpendiculaire
abaissée du point O sur
AB.

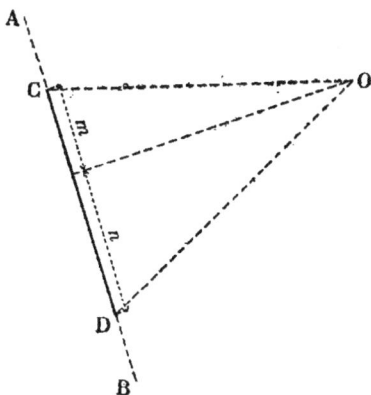

On vérifiera en calcu-
lant n par le même pro-
cédé.

La longueur de la per-
pendiculaire OE, hauteur
du triangle, sera égale à
OC $\times$ sin C, ou OD sin D,
ou bien $m \times$ tang C.

Fig. 102.

2ᵉ SOLUTION. — On n'a
pas d'instruments. On
mesure au pas les trois côtés du triangle abc. Calculons m
et n.

Soit h la hauteur du triangle.

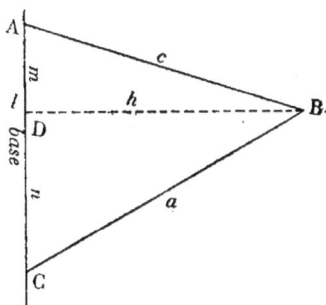

Fig. 103.

Dans les triangles ABD et BDC nous avons :

$$h^2 = c^2 - m^2$$
$$h^2 = a^2 - n^2,$$

En opérant par soustraction :

$$o = c^2 - m^2 - a^2 + n^2$$
$$o = c^2 - a^2 + n^2 - m^2$$
$$n^2 - m^2 = a^2 - c^2$$
$$(n+m)(n-m) = (a+c)(a-c)$$

mais :

$$n + m = b$$
$$b(n-m) = (a+c)(a-c)$$
$$n - m = \frac{(a+c)(a-c)}{b}.$$

Connaissant $n+m$ et $n-m$ il est facile de calculer m et n.

La hauteur h sera égale à :

$$h = \sqrt{(c+m)(c-m)} = \sqrt{(a+n)(a-n)}.$$

Application. — On a tracé sur le terrain l'alignement d'un élément de tranchée ennemie ; on veut repérer cet alignement par rapport à un observatoire.

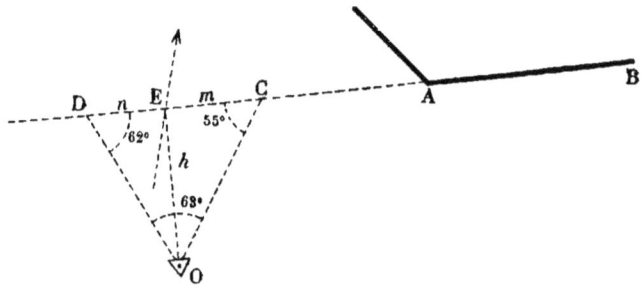

Fig. 104.

Soit O l'observatoire ; BAC l'alignement de la tranchée ennemie.

Prendre une base CD; mesurer les angles horizontaux OCD et CDO;

$$CD = 180 \text{ m.}$$
$$\left. \begin{array}{l} OCD = 55° \\ CDO = 62° \end{array} \right\} \text{ Angle COD} = 180 - 117 = 63°.$$

Calculons m, n et h.

$$CO = \text{base} \times \frac{1}{\sin 63} \times \sin 62$$

$$DO = \text{base} \times \frac{1}{\sin 63} \times \sin 55.$$

$$m = CO \times \cos C; \qquad n = DO \times \cos D$$

$$m = \text{base} \times \frac{1}{\sin 63} \times \sin 62 \times \cos 55$$
$$= 180 \times 1,122 \times 0,883 \times 0,573$$
$$= 102^m 18$$
$$m = 102.$$
$$h = n \times \text{tang } 55°$$
$$= 102,18 \times 1,428$$
$$= 145,91.$$

$$n = \text{base} \times \frac{1}{\sin 63} \times \sin 55 \times \cos 62$$
$$= 180 \times 1,122 \times 0,819 \times 0,469$$
$$= 77,57$$
$$n = 78 \text{ m.}$$
$$h = n \times \text{tang } 62°$$
$$= 77,57 \times 1,881$$
$$= 145,91.$$

Il faudra enfin prendre du point E l'azimut de la direction EO; soit azimut EO = 212°.

Le plan de repérage sera donc le suivant :

Pour retrouver l'alignement de la tranchée ennemie il suffira :

1° De prendre de l'observatoire une direction ayant pour azimut 32°;

2° De mesurer sur cette direction une longueur de 146 m ;

3° De faire à l'extrémité *b* un angle droit.

Le côté AB sera dans l'alignement de la tranchée enne-mie.

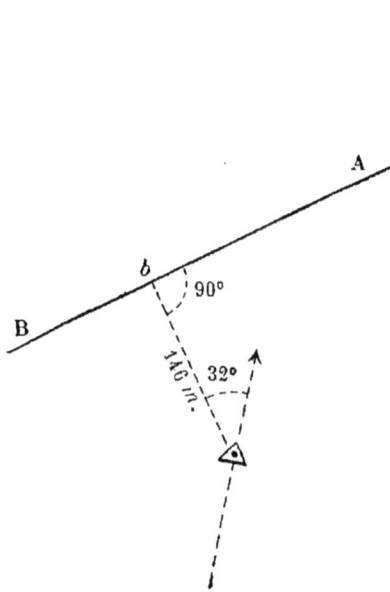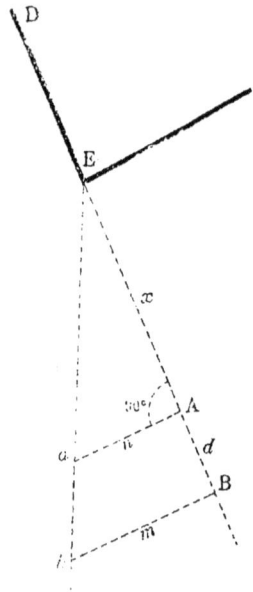

Fig. 105.   Fig. 106.

H'. — *Calculer la distance d'un saillant* E *de la ligne ennemie.*

On a l'alignement AB de la face DE (fig. 106).

En B, point pris sur l'alignement, faire un angle droit, mesurer la longueur B*b*; *b* étant un point d'où on aperçoit le saillant E.

Laisser un aide en *b*; mesurer la longueur BA, en A faire un droit et marcher dans la direction A*a* jusqu'à ce que l'aide vous arrête et vous place dans l'alignement *b*E; mesurer A*a*.

On a dans les triangles semblables EAa EBb :

$$\frac{x}{x+d}=\frac{n}{m}; \qquad xm = xn + nd$$

$$x\,(m-n)=nd; \qquad x=\frac{nd}{m-n}.$$

1'. — *Des tireurs d'élite placés dans un poste d'écoute* P *gênent considérablement les reconnaissances françaises. Repérer le poste d'écoute.*

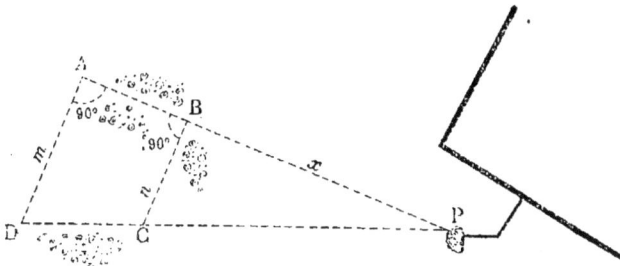

Fig. 107.

On voit distinctement le poste d'écoute de la lisière du bois; opérer comme dans le cas précédent; x étant exactement connu, on pourra étudier les meilleurs moyens à employer pour réduire au silence les tireurs ennemis : sape à creuser pour se rapprocher à portée de VB; tir au fusil sur appui, etc.

Nous arrêtons ici la liste des cas qui peuvent se présenter le plus fréquemment dans la pratique et que nous avons étudiés en détail pour bien démontrer qu'avec les instruments mis à sa disposition un officier de renseignements pourra toujours tourner toutes les difficultés en combinant les méthodes indiquées, en cherchant la solution soit par la méthode graphique, soit par le calcul direct.

Je résume dans le tableau suivant les formules de calcul que nous avons eu à appliquer et avec lesquelles l'officier devra se familiariser.

1º Planimétrie.

MÉTHODE PAR INTERSECTION	FORMULES	INSTRUMENTS à employer sur le terrain
1 $$a = \text{base} \times \frac{1}{\sin O} \times \sin B$$ $$b = \text{base} \times \frac{1}{\sin O} \times \sin A$$ $$h = b \sin A$$ $$h = a \sin B$$ $$m = b \cos A$$ $$n = a \cos B$$ Vérification : $$m + n = \text{base.}$$ A lever sur le terrain : 1º La base ; 2º Les angles adjacents A et B.	Longueurs : le pas. Angles horizontaux : la boussole ; le cercle de visée ; la planchette ; la règle graduée.

MÉTHODE PAR CHEMINEMENT	FORMULES	INSTRUMENTS à employer sur le terrain
2 $$m + n = \text{la base}$$ $$m - n = \frac{(a+b)(a-b)}{c}$$ $$h = \sqrt{(a+n)(a-n)}$$ $$h = \sqrt{(b+m)(b-m)}$$ A mesurer sur le terrain : Les trois côtés.	Longueurs : le pas.

2° Nivellement.

	FORMULES	INSTRUMENTS à employer sur le terrain
3 B l h A b C A mesurer sur le terrain : 1° La longueur l ; 2° L'angle vertical A.	**3** $p=$ pente de l'oblique AB. $p = \dfrac{h}{b} = $ tang A $= \dfrac{\sin A}{\cos A}$ Différence de niveau : $h = l \sin A.$ Réduction à l'horizon : $b = l \cos A.$	Longueurs : le pas. Angles verticaux : $\left\{ \begin{array}{l} \text{Cercle de visée,} \\ \quad \text{transformé en} \\ \quad \text{perpendicule ;} \\ \text{Alidade nivela-} \\ \quad \text{trice ;} \\ \text{Règle graduée.} \end{array} \right.$
4 P p' l B A x P B A h p' A mesurer sur le terrain : 1° La longueur h ; 2° Les angles verticaux A et B.	**4** $x = \dfrac{h}{p - p'}$ $x = \dfrac{h}{p + p'}$	Angles verticaux : $\left\{ \begin{array}{l} \text{Cercle de visée,} \\ \quad \text{transformé en} \\ \quad \text{perpendicule ;} \\ \text{Alidade nivela-} \\ \quad \text{trice ;} \\ \text{Règle graduée.} \end{array} \right.$

3° Planimétrie et nivellement.

MÉTHODE DES ALIGNEMENTS	FORMULES	INSTRUMENTS à employer sur le terrain
A, B et O sur le même alignement. *Terrain de base sensiblement horizontal.* A lever sur le terrain : 1° La base b ; 2° Angle de pente de BO ; — de OA.	**5** $$x = \frac{p'\,b}{p - p'}$$ $y = x \times p$) Vérifica- $y = (x + b)\,p'$) tion	La base mesurée au pas.
Terrain de base incliné. 	$$x = \frac{b\,(p \cos B + \sin B)}{p - p'}$$ $p = \operatorname{tang} B$ $p' = \operatorname{tang} A$ $$y = x \times p'$$	Angles verticaux : { Cercle de visée, transformé en perpendicule ; Alidade nivelatrice ; Règle graduée.
  A lever sur le terrain : 1° La base b ; 2° Angle de pente BO = C ; — AO = A ; — base = B.	$$x = \frac{b\,(p \cos B - \sin B)}{p - p'}$$ $p = \operatorname{tang} C$ $p' = \operatorname{tang} A$ $$y = x \times p'$$	

MÉTHODE DES ALIGNEMENTS	FORMULES	INSTRUMENTS à employer sur le terrain
6		
A, B, D et O sur le même alignement.	$x = \dfrac{m}{p - p'}$	
	$p = \dfrac{n}{a}$ $p' = \dfrac{m + n}{b}$	Le pas. Un mètre pliant.
A mesurer sur le terrain : Au pas : $\begin{cases} BD = a \\ AD = b \end{cases}$ Au mètre pliant : m et n.	$\begin{array}{l} y = (x + a)\,p \\ y = (x + b)\,p' \end{array}$ $\left.\begin{array}{c} \\ \end{array}\right\}$ Vérification	
7		
A mesurer sur le terrain : $\left.\begin{array}{c} a \\ l \\ b \end{array}\right\}$ au pas. n est une constante à mesurer au mètre pliant.	$x = \dfrac{ad}{b - a}$ $y = \dfrac{m\,(d + b - a)}{b - a}$	Le pas. Un mètre pliant.

MÉTHODE DES ALIGNEMENTS	FORMULES	INSTRUMENTS à employer sur le terrain
8		

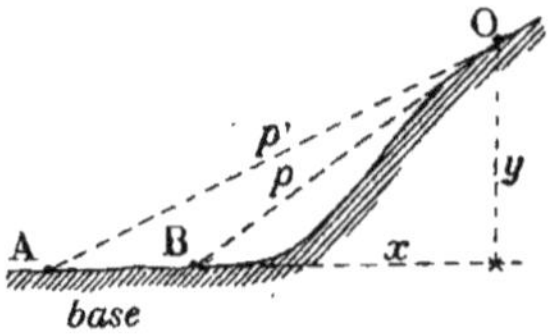

$$x = \frac{bn}{m-n}$$

Le pas.

A mesurer sur le terrain :
1° La base ;
2° Les angles de pente BO et AO levés à la règle graduée et exprimés sous la forme :

$$\text{angle BO} = \frac{m}{1.000}$$

et

$$\text{angle AO} = \frac{n}{1.000}$$

La règle graduée.

$$y = x \times \frac{m}{1.000}$$

$$y = (x+b) \times \frac{n}{1.000}$$

$\left.\right\}$ Vérification

CHAPITRE V

LEVÉS TOPOGRAPHIQUES

On trouvera dans le livre du chef de section tous les renseignements nécessaires pour l'établissement et la tenue du carnet et le report d'un levé exécuté au pas, à la boussole, au niveau à perpendicule ou avec tout autre niveau de fortune.

Les règles à observer avec les instruments mis à la disposition des officiers de renseignements sont identiques ; je n'y reviendrai donc pas, me contentant de signaler quelques particularités relatives à l'emploi de la planchette et de l'alidade nivelatrice.

1° Les côtés du polygone constituant le canevas doivent avoir, si on travaille à la planchette, des longueurs variables suivant l'échelle adoptée pour l'établissement du croquis ; pour le $\frac{1}{20.000}$ environ 300 m de côté ; pour le $\frac{1}{5.000}$ environ 150 m ;

2° La planchette est déclinée avec la petite boussole appelée déclinatoire ; on peut se passer du déclinatoire en se déclinant avec l'alidade.

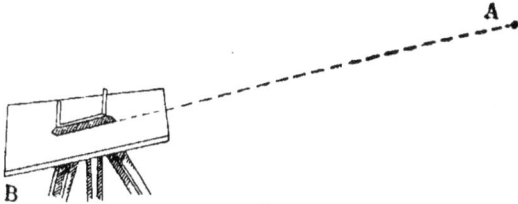

Fig. 108.

On vient de la station A et on se met en station en B ; se décliner en visant avec l'alidade le point A. Cette méthode

est plus longue ; on peut l'employer comme moyen de vérification ;

3° Avec le déclinatoire, on peut gagner du temps en sau-
tant une station sur deux.

Soit ABCDE le cheminement à lever, A la station de
départ.

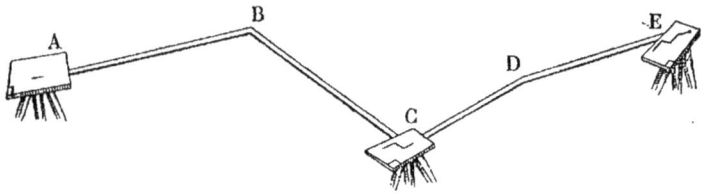

Fig. 109.

La planchette est en station en A ; on se décline et on
vise B ; on trace la direction AB sur le croquis ; on se met
en marche en comptant les doubles pas de AB, soit
102 doubles pas ; on continue sa marche sans s'arrêter
en B ; on compte les doubles pas entre B et C, soit 194.

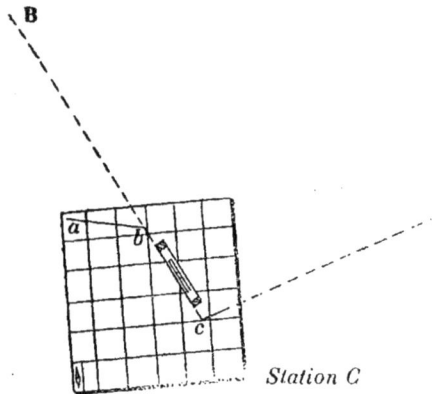

Station C

Fig. 110.

On se met en station en C ; on se décline. On porte sur la
direction *ab* à l'échelle la longueur correspondante à
102 doubles pas ; on a ainsi le point *b ;* on pique l'aiguille

en *b;* on place l'alidade, on la fait pivoter jusqu'à ce que l'on aperçoive le point B du terrain ; on trace la direction, on enlève l'alidade ; on porte à partir de *b* la longueur correspondante à 194 doubles pas.

On a le point C ; on pique l'aiguille, on vise D ; on trace la direction et on va en E en comptant les doubles pas de C en D ; de D en E.

En E mise en station ; on se décline et on recommence l'opération.

Erreurs de fermeture. — Nous avons indiqué comment on procédait pour corriger les erreurs de fermeture d'un polygone([1]) ; l'officier de renseignements peut cependant se trouver en face du cas particulier suivant :

Soient deux points bien déterminés sur le terrain ; il est parti de A et a suivi un cheminement A*abc* pour venir se refermer en M, en désirant ainsi appuyer son levé sur deux points parfaitement déterminés sur le terrain et sur le croquis au $\frac{1}{5.000}$.

En reportant, le cheminement se termine en M′.

L'erreur commise est MM′. Il faut la compenser, si elle est admissible, c'est-à-dire si elle n'est pas supérieure à $\frac{1}{50}$ de la longueur totale mesurée sur le cheminement de A en M′.

Du point M′ abaissons la perpendiculaire M′*m* sur MA ; nous décomposerons l'erreur en deux composantes M′*m* et M*m* que nous répartirons séparément.

Pour M′*m* compensons comme s'il s'agissait du polygone *m*A*abc*M, nous savons effectuer cette opération qui nous donnera un premier polygone compensé : *adefm*.

Pour compenser M*m* joignons A à *f, e, d*.

Portons sur une droite $A_2 M_2 = AM$; sur une parallèle $HI = Am$; prolongeons IM^2 jusqu'à leur rencontre en O.

([1]) *Topographie de campagne,* t. I, n° 6c.

Portons sur HI, $Hf' = Af$, joignons O à f et prolongeons jusqu'en $A^2 M^2$; $A_2 k$ est la longueur qu'il faudra porter sur Af prolongé pour obtenir le sommet définitif j.

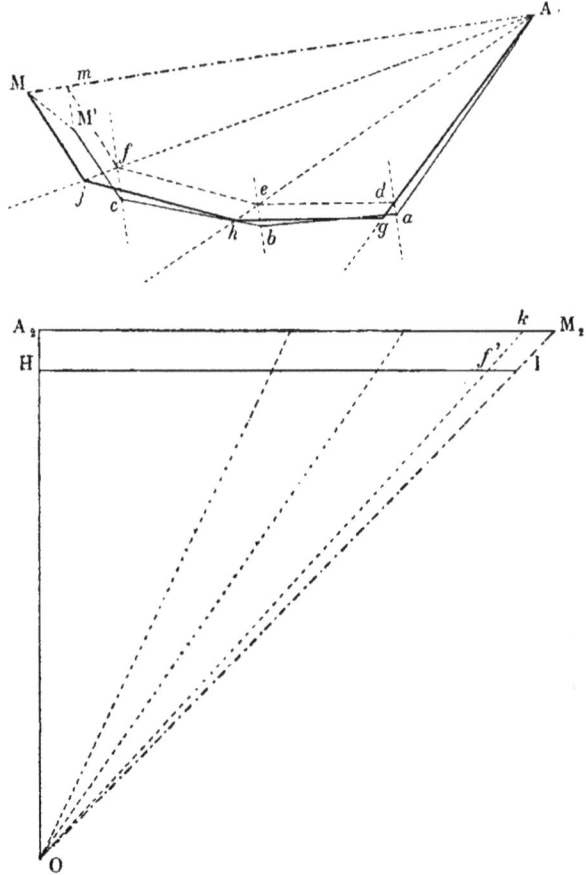

Fig. 111.

En opérant ainsi pour Ae et pour Ad nous obtiendrons les nouveaux sommets h et g et en les joignant nous aurons le polygone compensé définitif, soit $AghjM$.

Polygone de base. — Les côtés des polygones de base, qui forment l'ossature, le canevas de tout travail topographique, doivent suivre autant que possible les lignes caractéristiques du terrain; la valeur du travail dépend le plus souvent du choix judicieux de ces lignes et quelques conseils à ce sujet ne me paraissent pas inutiles.

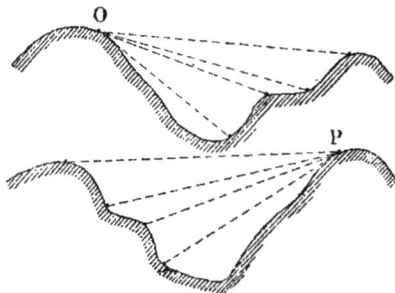

Fig. 112.

En pays de montagnes, les versants sont raides, les vallées peu larges, les accidents du terrain très marqués; on cheminera de préférence sur les lignes de crête, la station O permettra de lever par intersection tous les détails du versant opposé; de même de la station P on pourra prendre tous les détails de l'autre versant. On pourra de loin en loin obtenir des points au fond des vallées qui permettront de dessiner les thalwegs.

En pays de plaines les mouvements de terrain sont peu accusés, souvent insaisissables; ce sont les thalwegs qui donnent l'allure du terrain et qui doivent être pris comme lignes caractéristiques.

Quelques coups de niveau donnés sur les points culminants, de bas en haut, permettront de serrer le terrain de très près.

Fig. 113.

En pays moyennement accidenté, l'officier qui cheminera en suivant le thalweg aura un horizon très borné; s'il suit les dos d'âne formant une ligne de crête très mollement accentuée, il ne verra pas le fond de

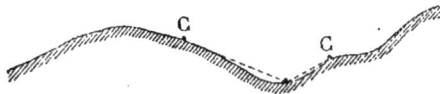

Fig. 114.

la vallée et ne se rendra pas compte de la forme des versants; il devra utiliser la crête militaire sur chaque versant et tracer son cheminement en la suivant exactement; il obtiendra ainsi le maximum de renseignements et de vues utiles.

CHAPITRE VI

LEVÉ D'UNE ORGANISATION FRANÇAISE

Il faut pour chaque cas particulier faire choix de la méthode à adopter et des instruments à employer.

Nous allons donner quelques exemples.

Point d'appui. — Il s'agit de lever le plan de deux points d'appui indiqués à la figure 115.

On voit sur le terrain des points remarquables : un sapin en S, une maison en M, la corne d'un bois en V, l'angle du remblai de la voie ferrée R ; ces points sont marqués sur le plan directeur au $\frac{1}{20.000}$.

On peut circuler à découvert en arrière des lignes et cette circonstance permet de travailler avec la planchette et l'alidade.

L'officier fera une reconnaissance sommaire des lignes qu'il est chargé de relever ; il arrêtera ensuite son plan de travail comme il suit :

Partir de A ; diviser les lignes à lever en une série de polygones tels que ABCDG, CDGFE ; lever successivement ces polygones et pour chacun d'eux compenser les erreurs de fermeture ; opérer ainsi de proche en proche pour obtenir un système de 7 ou 8 polygones accolés couvrant l'ensemble et qui serviront de base pour lever les détails.

La première opération consistera donc à placer le point de départ A sur la planchette. On opérera par relèvement trois au moins des points remarquables, S, M et V par exemple.

Placer la planchette en station, en A, et la décliner approximativement ; piquer l'aiguille en *a* et viser avec l'alidade l'arbre S, tracer la direction ; viser le point M ; on sera obligé de déplacer l'alidade ; traçons la direction ; viser le

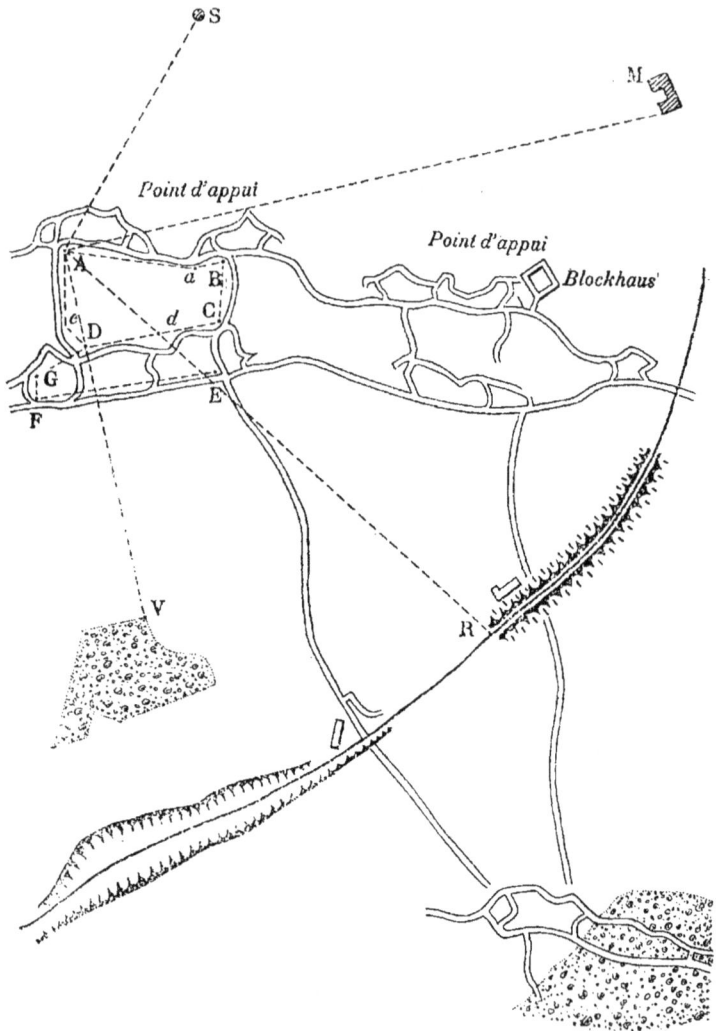

Fig. 115.

point V ; nous aurons encore à déplacer l'alidade ; marquons la direction. Les trois directions se coupent en formant un petit triangle d'intersection.

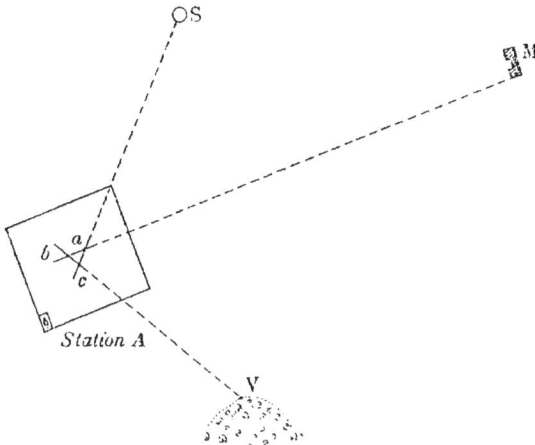

Fig. 116.

Enlevons l'aiguille et plaçons-la en *b ;* visons le point V, marquons la direction, le triangle d'intersection est devenu plus petit. Recommençons l'opération pour C; visons S, nous réduirons encore le triangle d'intersection et après quelques tâtonnements nous arriverons à placer exactement sur la planchette le point *a*, point de départ du levé, exactement repéré par rapport aux points S, M et V du terrain.

Ceci fait, traçons en arrière de notre ligne et sans trop nous en écarter notre premier polygone, marquons les sommets de façon apparente, le mieux avec de petits piquets. Levons le périmètre A *a* B *c d* D *e* à la

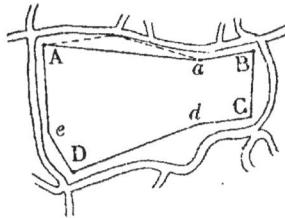

Fig. 117.

planchette et compensons en A l'erreur de fermeture.

Repartons de A et plaçons par intersection ou par recoupement les points principaux de la ligne et du terrain avoisinant, les saillants, les rentrants, les croisements de boyaux, les postes d'écoute, les observatoires, etc., etc. ; on continuera ainsi de polygone en polygone jusqu'à ce que le travail soit achevé.

Il restera à placer les détails de la tranchée ; pour cela on fera un croquis à grande échelle de la partie de la tranchée correspondant par exemple à la base A*a*; on portera sur ce croquis tous les détails de la tranchée mesurés au pas, au décamètre et même à vue comme l'indique le croquis figure 118 et on reportera ensuite sur la planchette à l'échelle les détails levés ; il importe de travailler avec méthode, de faire les opérations toujours dans le même ordre et surtout de ne pas s'exagérer au début la multiplicité des détails ; tout cela est en réalité fort simple et ne demande qu'un temps relativement court.

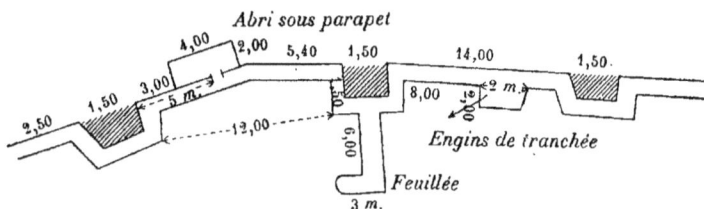

Fig. 118.

Réduit. — Il s'agit de faire le plan détaillé au $\dfrac{1}{2.000}$ du réduit R.

On opérera de la même manière, en décomposant les lignes à lever en trois polygones accolés. Pour lever la lisière du bois on tracera un polygone encerclant le périmètre et on lèvera les saillants et les rentrants de la lisière du bois par intersection ou par recoupement.

Abord d'une tranchée. — Une tranchée française a été tracée au bord d'un plateau battant de façon incomplète le terrain en avant. On est sur la défensive et on prend les dispositions nécessaires pour repousser une contre-attaque allemande ; le chef de bataillon désire avoir un croquis à grande échelle du terrain en avant de la tranchée dans le but de donner des ordres pour l'utilisation de batteries de V. B.

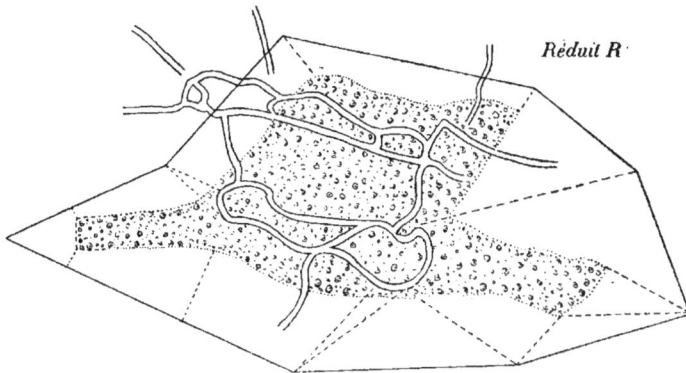

Réduit R

Fig. 119.

Comment opérera l'officier de renseignements chargé de faire le travail ?

Il prendra le tracé de la tranchée AB comme base ; s'il n'en a pas le plan exact il lèvera la tranchée au pas et à la boussole, en bornant son levé à la ligne de feu.

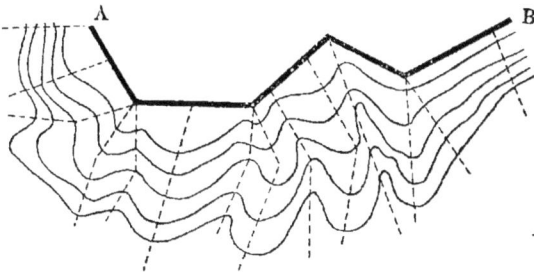

Fig. 120.

La portée utile des V. B. ne dépassant pas 150 m, il limitera son travail à une bande de terrain de 200 m de largeur à partir de la tranchée ; il reconnaîtra les lignes caractéristiques des lignes de faîte, dépressions ou thalwegs et il fera en s'appuyant sur la tranchée prise comme base le profil du terrain suivant ces lignes en travaillant au pas et à la boussole.

Le report sera fait au $\dfrac{1}{2.000}$ avec l'équidistance réelle de 2 m.

Utilisation des points caractéristiques de l'organisation française. — L'instruction sommaire sur l'exécution des levés topographiques dans la guerre de position (VIIe armée) s'exprime ainsi :

« Tous les points caractéristiques de l'organisation française déterminés avec une certaine précision sont marqués sur le terrain par un petit piquet, une encoche dans un arbre, etc., et sur le levé par un petit cercle avec un nom ou un numéro permettant de le retrouver facilement ; les points serviront de points de station dans des opérations topographiques ultérieures ou pour la détermination des détails de l'organisation ennemie. »

Je vais indiquer par un exemple comment un officier de renseignements doit obéir à ces prescriptions.

Dans le secteur confié à sa surveillance se trouvent en O un observatoire et, sur le terrain, quatre points remarquables : une maison E, un arbre isolé en C, un pan de mur en ruines en B, un boqueteau en A.

Il rattache ces sommets à l'observatoire par un polygone OABCE ; il lève ce polygone, fait les vérifications nécessaires, compense les erreurs de fermeture en planimétrie et en nivellement, il a ainsi déterminé avec précision cinq points caractéristiques de l'organisation française ; il fait placer quatre piquets aux points A, B, C et E.

Sur les côtés du polygone et sur les traverses qu'il a levés il choisit les points d'où il peut apercevoir l'organisation ennemie dans les meilleures conditions et il leur donne un numéro d'ordre 1, 2, 3, 4, 5, 6 et 7 ; il fait placer en chacun de ces points un piquet sur lequel il inscrit le numéro d'ordre correspondant. Il a ainsi sur le terrain douze points d'observation d'où il peut surveiller tous les mouvements de l'ennemi et qu'il peut retrouver facilement ; les points sont repérés comme distance aux points caractéristiques et cotés par comparaison avec la cote de l'observatoire. Tous ces points serviront à l'officier, comme points de station ou de départ pour des opérations topographiques ultérieures ou comme points d'observation pour déterminer les détails de l'organisation ennemie.

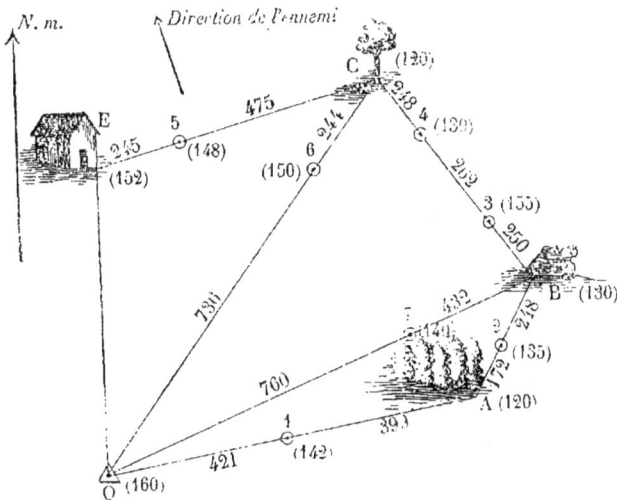

Fig. 121.

L'officier de renseignements placera ensuite dans le poste d'observation un plan d'ensemble à grande échelle qui reproduira le polygone de base ; les sommets seront cotés et désignés par des lettres. Les profils du terrain qui ont servi à placer ces sommets resteront joints au plan.

Il portera sur le plan tous les points intermédiaires et les indiquera par un petit cercle et le numéro correspon-

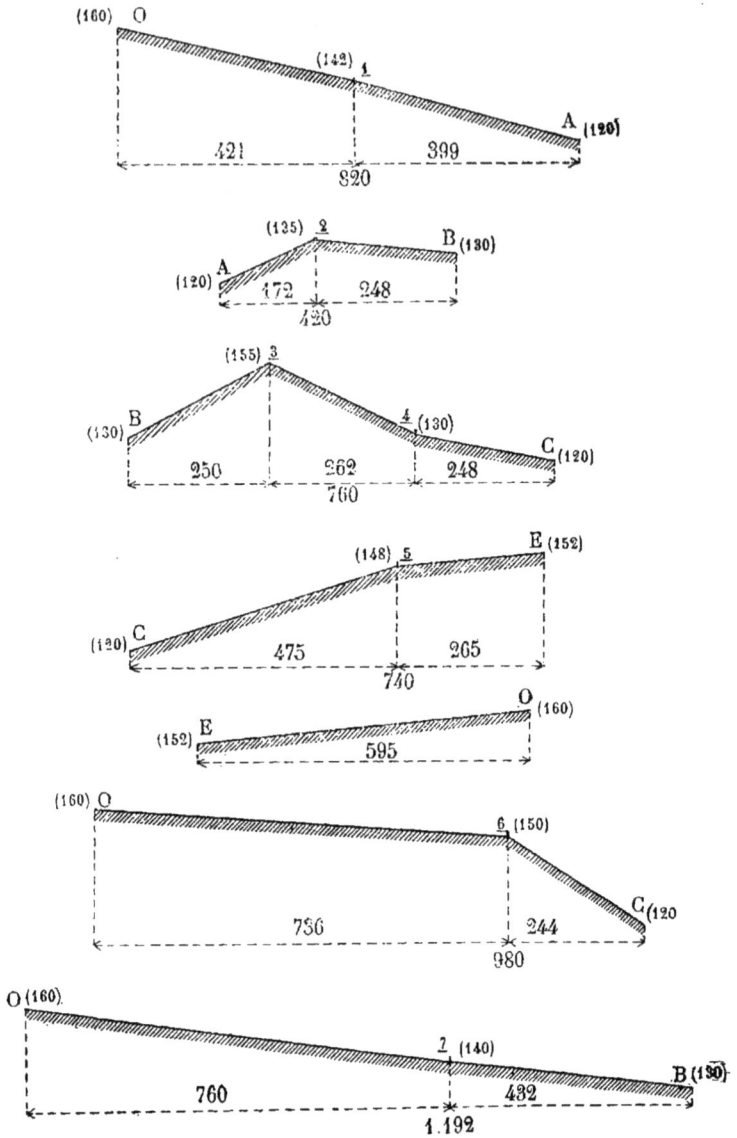

Fig. 122.

dant, il inscrira sur le plan la cote de chacun de ces points et leur distance horizontale des sommets du polygone.

Ce travail, dont l'exécution ne demande en somme que trois ou quatre jours, simplifiera et rendra beaucoup plus rapides toutes les opérations ultérieures.

Supposons en effet que les rapports des officiers de quart dans la tranchée pendant la nuit signalent des bruits faits par des travailleurs ennemis, dans la direction de l'est.

L'officier de renseignements se transporte immédiatement au point d'observation B, avec son cercle de visée ; il aperçoit les travaux ennemis en M et il constate qu'il peut les viser des points B, 3 et C ; en C il lève un angle horizontal et un angle vertical, il fait de même aux points 3 et B et son travail est terminé sur le terrain, puisque son plan lui donne la longueur des bases et les cotes d'altitude.

CHAPITRE VII

LEVÉ DE L'ORGANISATION ENNEMIE

Il faut lever tous les détails de la position ennemie absolument inaccessible, et de ce fait seul il faut renoncer aux procédés de recoupement et de cheminement, pour n'employer que les méthodes d'intersection ou d'alignement dont nous avons étudié en détail les principales applications pratiques.

Généralement, les opérations de levé sont faites en restant dans les positions françaises et en utilisant pour les observations le plan dont nous venons d'étudier l'établissement.

Mais pour élucider certains cas et pour s'assurer de certains détails, on n'a pas toujours de nos lignes des vues suffisantes sur la position ennemie ; il faut alors faire des *reconnaissances*, c'est-à-dire sortir de nos réseaux, avancer avec précaution pour gagner des points choisis d'avance et arriver parfois jusqu'au contact des réseaux ennemis.

On a objecté qu'avec le degré de perfection atteint par les reconnaissances aériennes le rôle de l'officier de renseignements, en ce qui concerne l'étude des lignes ennemies, était considérablement réduit ; l'instruction sommaire sur l'exécution des levés topographiques (VIIe armée) répond à cette objection :

« Les photographies aériennes donnent souvent le tracé des lignes ennemies avec beaucoup de précision ; les saillants, les rentrants, les bifurcations sont très exactement en place, en un mot la projection horizontale de l'organisation défensive ennemie est connue avec exactitude et avec un grand luxe de détails.

« Mais il y manque toujours ceux de ces détails, que seules des visées horizontales permettent de discerner.

Dans une étude complète de l'organisation ennemie, il est indispensable de les déterminer.

« Cette *dissection* de l'organisation ennemie est de la plus haute importance ; seule elle permet d'en signaler avec précision à notre artillerie les points vitaux, sur lesquels on peut ensuite concentrer les feux. »

Le rôle excessivement utile de l'officier de renseignements est ainsi très clairement défini ; on peut ajouter que bien souvent il peut donner à l'artillerie des renseignements précis plus rapidement que les avions de reconnaissance qui d'ailleurs ne sont pas toujours en l'air.

Les Allemands ont travaillé pendant la nuit à ouvrir une nouvelle tranchée et exécuté des travaux que des bruits insolites et certains indices aperçus au petit jour ont signalé à l'attention des guetteurs ; l'officier prévenu peut en moins d'une heure s'il a préparé ses points d'observation à l'avance envoyer à l'artillerie la position des travaux ennemis exactement située en planimétrie et en nivellement ; quelques coups de canon bien et rapidement ajustés en raison de la précision des renseignements envoyés feront souvent de la bonne et utile besogne.

De plus un observateur patient et tenace, sagace et ayant du cran finit toujours par découvrir de nombreux détails de la vie des tranchées ennemies : heures des relèves, service de jour et de nuit, heures des ravitaillements, corvées d'eau et de soupe, boyaux suivis par les différents détachements, etc. ; mais ces renseignements à lui fournis par l'œil et par l'oreille doivent toujours être complétés par des mesures graphiques précises pour prendre une réelle valeur technique.

Pour remplir correctement sa tâche l'officier de renseignements doit savoir son métier à fond ; s'il a bien voulu me suivre, il connaît maintenant la valeur et l'usage des instruments que le commandement a mis entre ses mains, leur degré de précision, les conditions dans lesquelles ils doivent être employés ; il sait résoudre graphiquement et par le calcul de nombreux cas de la pratique ; il sait lever la position française et y organiser un réseau de postes d'observation permettant de fouiller la position ennemie ; il ne nous reste plus, maintenant, qu'à étudier ensemble le moyen de tirer parti des connaissances acquises pour être réellement utile en *disséquant* dans tous ses détails la position allemande.

Pour fixer les idées la figure 123 donne le schéma d'une position allemande et française.

L'officier a établi un plan reliant les points caractéristiques de la position française à un observatoire par un polygone, il a placé des points d'observation secondaires 1, 2, 3, 4, 5 et 6 qu'il a marqués sur le terrain par de petits piquets, comme nous l'avons expliqué ; il a ainsi un canevas de points faciles à reconnaître, qui vont lui permettre de partir de données exactes pour lever les détails de la position ennemie.

Il commencera d'abord par les points principaux qui lui serviront de points de repère ; il placera par exemple la ferme M qu'il peut voir des stations A, 5 et C ; il opérera avec le cercle de visée par intersection, il déterminera la position du point visé par le calcul puis graphiquement à titre de vérification. Les résultats obtenus de la base A 5 et de la base A C devront se vérifier.

Quand tous les points importants de la ligne ennemie auront été déterminés et placés ainsi sur le plan après vérification, il s'occupera des détails en s'appuyant sur les points caractéristiques déjà placés. Chaque fois que cela sera possible il emploiera la méthode des alignements, dont nous avons expliqué en détail le mécanisme, et qui souvent lui permettra de mesurer exactement la longueur d'une tranchée allemande vue d'enfilade de la position française.

En combinant les différentes méthodes que nous avons développées, l'officier aura plus d'une corde à son arc et il sera bien rare qu'il ne puisse pas trouver la solution cherchée.

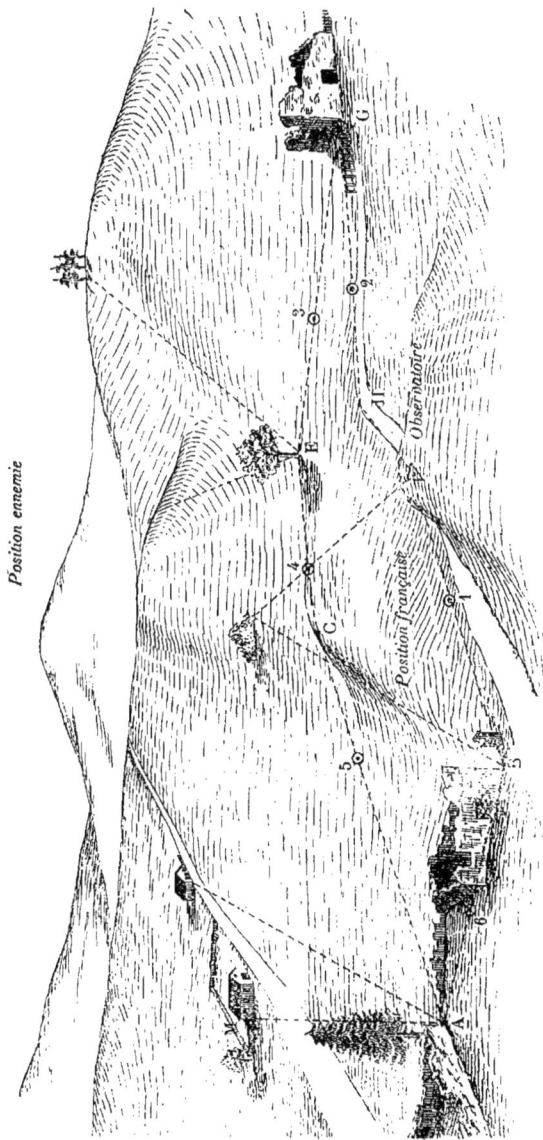

Fig. 123.

Il peut se faire cependant que dans certains cas l'officier de renseignements soit obligé d'aller chercher hors des lignes françaises des points d'observation mieux situés.

Les reconnaissances nécessaires se font généralement la nuit et elles doivent être soigneusement préparées d'avance suivant le but que l'on se propose d'atteindre.

Une batterie de minnenwerfer est placée en M dans une dépression de terrain qui la rend invisible des lignes françaises ; il est cependant nécessaire de la repérer exactement.

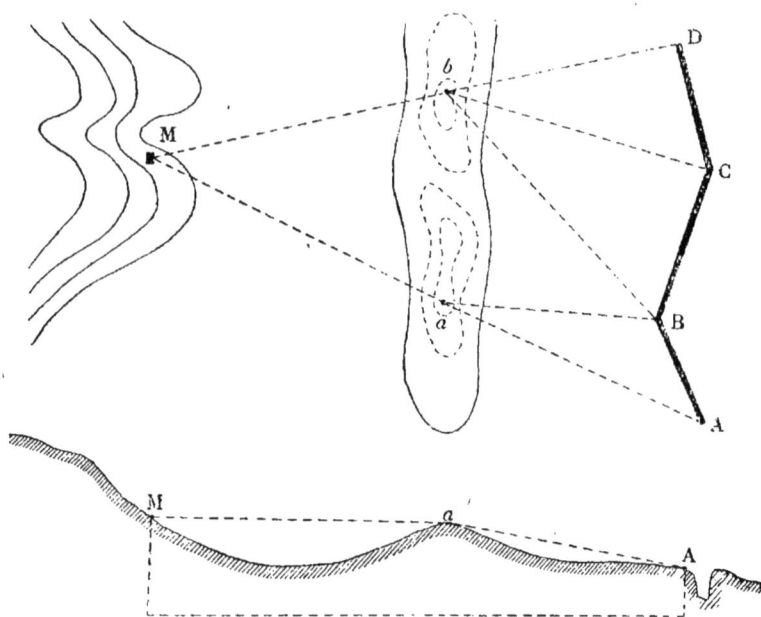

Fig. 124.

Pour cela il faudrait l'observer d'un dos d'âne assez prononcé qui se trouve en avant de la tranchée française creusée à contre-pente comme l'indique la figure 124.

Dans la nuit l'officier rampera jusqu'à la crête ; il choisira deux points *a* et *b*, d'où il pourra apercevoir sa tranchée et l'ouvrage ennemi, et assez éloignés l'un de l'autre pour que la base *ab* soit suffisante ; il marquera ces deux points de façon à ne pas attirer l'attention de l'ennemi ; il pourra se servir pour cela de piquets de 30 cm de hauteur environ et de 15 à 20 cm de largeur, portant sur le côté faisant face aux Français un carré de papier blanc fixé avec des punaises.

Rentré dans la tranchée, il peut, des sommets A, B, C et D, calculer par intersection la base *ab* et s'assurer qu'elle est suffisante ; la nuit suivante il se porte sur le dos d'âne et au petit jour il mesure de chaque point *a* et *b* un angle vertical et un angle horizontal ; il se sert du cercle de visée qu'il peut facilement employer sans son pied.

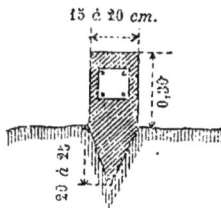

Fig. 125.

Rentré au poste, il résoudra en quelques minutes le triangle M*ab* et il pourra envoyer à l'artillerie des renseignements précis.

Les Allemands ont placé dans un ravin étroit et encaissé une mitrailleuse M qui fait du tir indirect sur nos boyaux de communication : il faut la repérer.

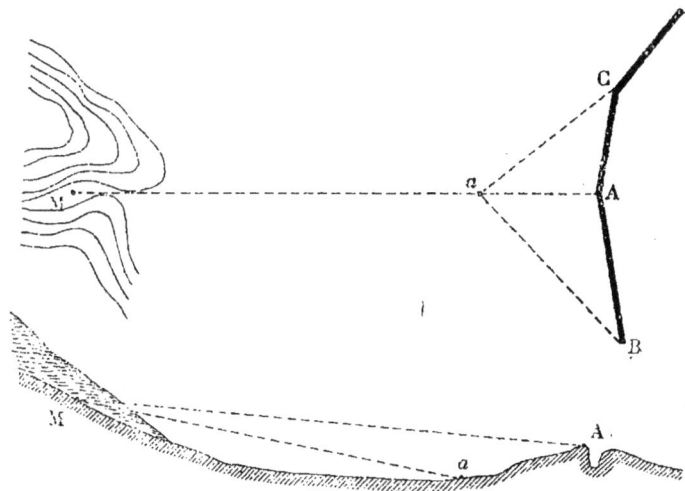

Fig. 126.

L'emplacement de la pièce ennemie n'est vu que d'un seul point A de la ligne française; l'observateur ne peut plus opérer par intersection et il n'a comme dernière ressource que la méthode d'alignement.

Au moment favorable pour sortir de la tranchée il se portera en avant, laissant en A un aide intelligent; il marchera aussi exactement que possible dans la direction AM et s'arrêtera en a en un point d'où il peut apercevoir l'ouvrage ennemi et le saillant A.

L'aide le placera exactement dans l'alignement AM; il marquera ce point et prendra immédiatement l'angle vertical AM avec le cercle de visée, il rentrera dans la tranchée ayant par cette simple observation tous les éléments nécessaires pour déterminer M.

En effet, des sommets B, A et C il peut par intersection placer le point a, et calculer exactement la longueur Aa. En A et en a il y a deux angles verticaux pris sur M; il connaît ainsi Aa, p et p'.

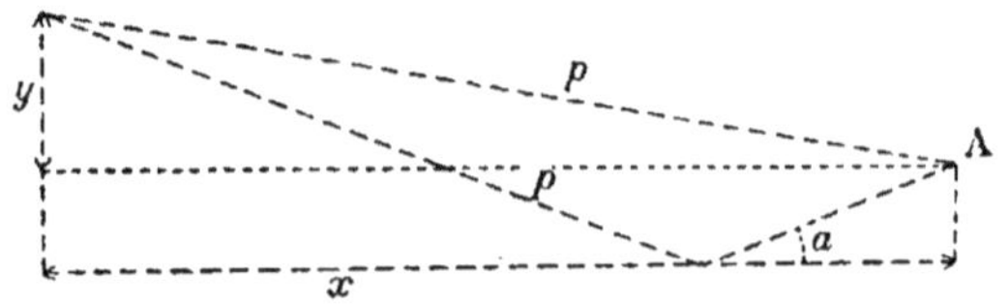

Fig. 127.

Il appliquera la formule 5.

Il trouvera la distance horizontale :

$$x = \frac{aA\,(p\cos a + \sin a)}{p - p'}.$$

et la hauteur de l'emplacement ennemi au-dessus du point a :

$$y = xp'.$$

Quelquefois encore il est impossible d'employer les pro-

cédés précédemment étudiés ; mais l'officier de renseignements ne doit pas pour cela jeter le manche après la cognée
et s'avouer vaincu. Il peut encore tourner la difficulté en
cheminant entre les deux lignes, en utilisant tous les couverts et en employant des instruments permettant des visées
rapides, la boussole et le perpendicule ; il est évident que
dans ces conditions on ne peut compter sur une grande
précision ; mais cependant si les croquis ainsi exécutés sont
assez nombreux, s'ils sont appuyés sur des points exactement définis, ils peuvent être comparés entre eux, discutés
et donner lieu pour certains points à une interprétation
définitive.

Ces points seront successivement placés sur un croquis
d'ensemble qui, à la longue, deviendra un document très
utile pour l'établissement du plan directeur dans les régions
difficiles.

CHAPITRE VIII

RECONNAISSANCE ET LEVÉ
D'UNE FERME, D'UN VILLAGE, DE LA LISIÈRE D'UN BOIS,
QUI DOIVENT ÊTRE ORGANISÉS DÉFENSIVEMENT

L'officier de renseignements peut être appelé à reconnaître une position qui doit être organisée défensivement, une ferme, un village, la lisière d'un bois par exemple.

L'Instruction sur les travaux de campagne à l'usage de toutes les armes du 21 décembre 1915 pose les règles générales à appliquer dans l'organisation défensive d'une position; mais il faut aussi tenir grand compte des particularités qui peuvent se présenter dans chaque cas particulier.

L'officier devra donc rapporter un croquis et un rapport précis, négligeant les détails inutiles, mais mettant en évidence toutes les particularités qui peuvent faciliter l'organisation de la défense.

Prenons un exemple :

Le colonel veut organiser défensivement la ferme des Bouleaux; il charge son officier de renseignements de faire la reconnaissance de cette position.

L'officier prend avec lui son niveau à perpendicule et le décamètre ruban; arrivé sur les lieux, il procède à une reconnaissance rapide qui lui permettra d'arrêter son plan de travail.

Ceci fait, son attention doit tout d'abord se porter sur l'organisation de la première ligne de feu et sur la possibilité d'établir des échelons de feu intérieurs.

La première ligne de feu sera constituée par le périmètre extérieur de la ferme, murs de clôture et murs de bâtiments formant clôture.

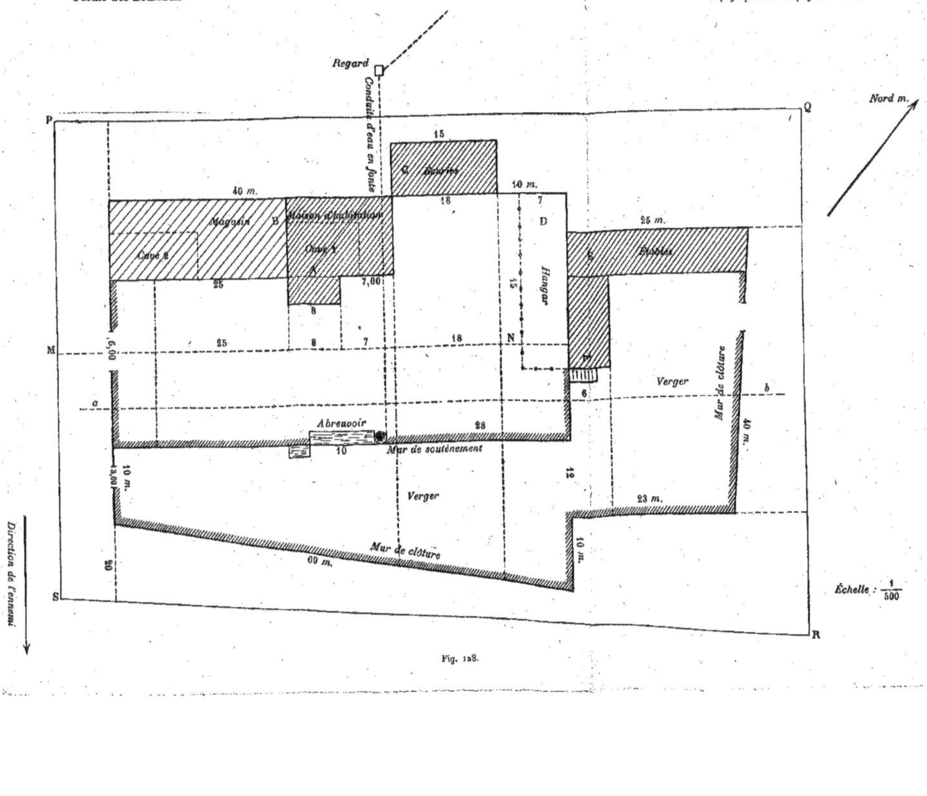

Regard

Nord m.

P   Q

Conduite d'eau en fonte

15

G   Écurie

40 m.   18   10 m.

Maison d'habitation   D   25 m.

Magasin   H

Caveé 8   Chap 6   K   Étable

         A   7,00

25   8   Hangar

M   25   8   7   18   N   Verger   b

6,00   6   Mur de clôture   40 m.

a

Abreuvoir   28

3,00   10 m.   10   Mur de soutènement   12

Verger   10 m.   23 m.

50   Mur de clôture

S   69 m.   R

Échelle : $\frac{1}{500}$

Direction de l'ennemi

Fig. 128.

Ferme des Bouleaux.

Élévation suivant a b $\dfrac{1}{500}$

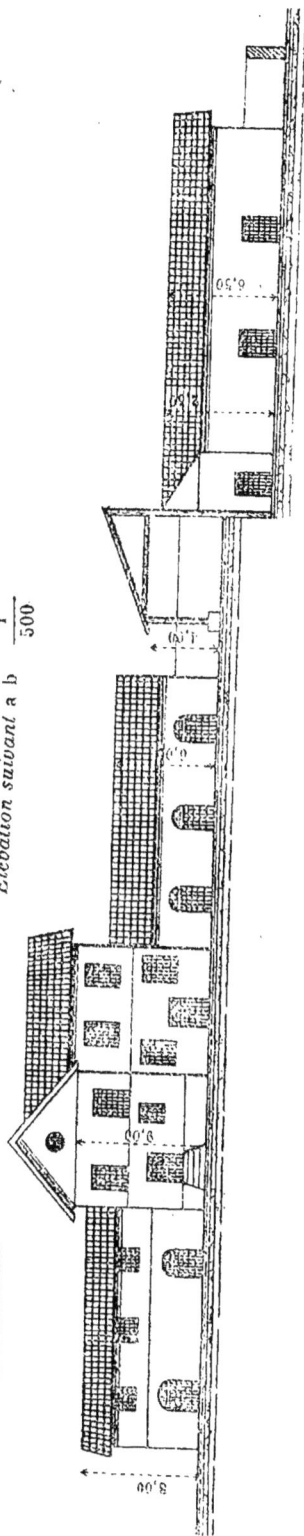

Mur de soutènement et mur de clôture $\dfrac{1}{100}$

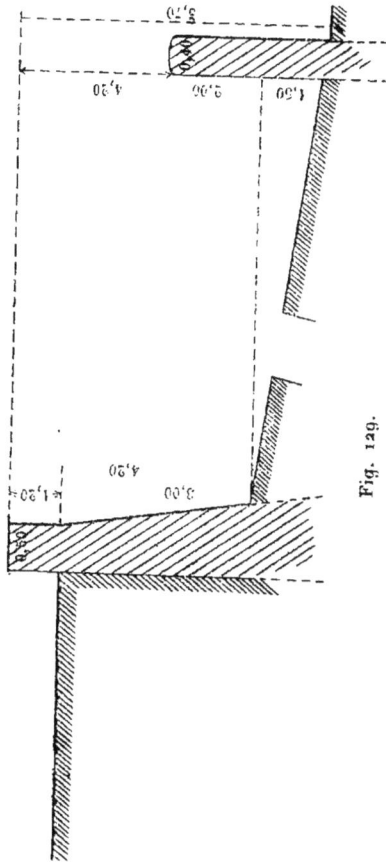

Fig. 129.

Pour le levé inscrire la ferme dans un polygone extérieur PQRS (fig. 128); mesurer les angles au sommet avec la boussole; prendre les détails du périmètre, saillants, rentrants par le système des coordonnées.

Les longueurs sont mesurées au pas; noter soigneusement la hauteur et l'épaisseur des murs et mesurer ces longueurs avec le mètre pliant ou le ruban.

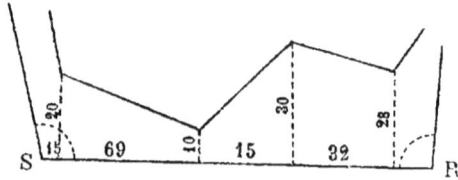

Fig. 130.

Le périmètre levé, il faut prendre les détails intérieurs; pour cela, tracer des bases et lever les détails par le système des coordonnées.

L'attention de l'officier sera attirée par la disposition du mur de soutènement intérieur de la ferme qui permet d'organiser un étage de feu. Il prendra avec soin l'épaisseur et la hauteur de ce mur (fig. 129), ses conditions de solidité.

Il visitera les caves, mesurera les dimensions et notera toutes les particularités de construction intéressantes (fig. 128).

Il signalera tous les bâtiments construits en matières facilement inflammables qu'il faudra faire disparaître; il verra dans quelles conditions la ferme est approvisionnée en eau potable.

Tous ces renseignements pris, l'officier rédigera son croquis et son rapport. Nous allons travailler avec lui.

Croquis. — Établir le croquis à main levée à une échelle assez grande, $\frac{1}{500}$ par exemple; l'emploi du papier quadrillé au millimètre simplifiera beaucoup la besogne.

Dessiner rapidement à main levée et sans aucune prétention artistique une élévation des bâtiments principaux.

Donner à une échelle plus grande, $\frac{1}{100}$ par exemple, le croquis des détails à mettre en évidence, le mur de soutènement et sa position par rapport au mur de clôture dans le cas particulier qui nous occupe.

Rapport. Bâtiment principal et maison d'habitation A. — Bâtiment solide, en moellons et mortier de chaux.

Épaisseur des murs extérieurs : 60 cm.

Charpente en bois; couverture en tuiles.

Deux étages ; grenier au-dessus.

Écuries, bâtiment C. — Bâtiment solide, même construction que pour A. Rez-de-chaussée sans étage.

Magasin, bâtiment B. — Construction légère en maçonnerie de briques de 33 cm d'épaisseur.

Charpente en fer; toiture en tôle ondulée.

Deux étages, les magasins sont vides et ne renferment aucune matière inflammable.

Bâtiment D, hangar. — Piliers en madriers, charpente en bois, couverture en chaume, bâtiment à démolir.

Bâtiment E, étables. — Bâtiments peu solides, maçonnerie de moellons au mortier de terre.

Épaisseur des murs : 40 cm. Charpente en bois, toiture en tuiles.

Mur de soutènement intérieur. — Très solide : moellons et mortier de chaux; hauteur moyenne : 3 m; garde-fou : 1^m20; épaisseur : 60 cm.

Mur de clôture. — Solide : moellons et mortier de chaux ; épaisseur : 40 cm ; hauteur moyenne : 2 m.

Différence de niveau entre la crête des deux murs : $5^m70 - 4^m20 = 1^m50$.

Caves. — Sous le bâtiment A, une cave de 10 m $\times$ 7 m ; sous le bâtiment B une cave de $12^m50 \times 6$ m ; voûtes en plein cintre, solides : elles peuvent être étayées facilement avec les bois provenant de la démolition du hangar.

Eau potable. — L'alimentation de la ferme est assurée par une conduite souterraine en fonte amenant dans la cour de la ferme l'eau d'une source captée à 350 m environ au nord.

Réduit. — La maison d'habitation A et l'écurie attenante C pourraient être organisées en réduit.

Observatoire. — L'œil-de-bœuf du grenier du bâtiment A constitue pour le moment un observatoire excellent.

Après avoir terminé avec la position elle-même, l'officier devra en étudier les abords et rapporter tous les renseignements qui permettent de fixer la position des engins spéciaux et des mitrailleuses de flanquement. Il verra si les plans directeurs au $\dfrac{1}{5.000}$ ou au $\dfrac{1}{10.000}$ dont il dispose donnent à cet égard des renseignements suffisamment précis ; s'il constate l'existence d'angles morts que les courbes de niveau ne font pas ressortir, il devra les mesurer rapidement au pas, à la boussole et au perpendicule.

J'estime que pour faire dans les conditions que je viens d'indiquer la reconnaissance d'une ferme importante il faut au maximum à un officier même peu expérimenté cinq heures de travail ; soit trois heures sur le terrain, deux heures pour le croquis et le report.

On dira peut-être que c'est un peu long ; il faut remarquer qu'avec les renseignements donnés par l'officier, le chef chargé d'établir l'organisation n'aura aucune hésitation ; il pourra fixer rapidement :

1° Tous les détails, organisations des murs, des tranchées, des boyaux, des abris pour mitrailleuses, des caves ;

2° Le nombre de travailleurs et d'outils à envoyer sur la position ;

3° L'ordre d'urgence des travaux à exécuter ;

4° Le temps nécessaire à leur exécution ;

5° L'effectif de la garnison à assigner à la position.

En somme par son travail un peu minutieux et précis, l'officier de renseignements aura largement contribué à gagner un temps précieux, à éviter tous les tâtonnements, à assurer la clarté et la précision des ordres donnés.

Organisation d'un village. — Le travail est de plus longue haleine, mais les procédés de levé et de reconnaissance restent les mêmes ; il sera avantageux, si on dispose du temps nécessaire, de travailler à la planchette, qui permettra de relever tous les détails par l'un des trois procédés : intersection, recoupement ou rayonnement.

L'Instruction sur les travaux de campagne indique l'ordre d'urgence suivant :

1° Organisation de ligne de feu (levé du périmètre, maisons situées sur la lisière, haies, clôtures, chemins creux, talus, etc.) ;

2° Communications et coupures intérieures (levé des rues, des îlots de maisons qui composent le village) ;

3° Abris (levé des caves, de leur surface ; les placer exactement pour permettre le tracé des galeries souterraines qui les réuniront ; emplacements favorables pour la création d'abris souterrains) ;

4° Réduits ; ils seront le plus souvent constitués par un groupe de maisons de construction solide ou bien par un parc clôturé par de bons murs (levé à une échelle plus grande des emplacements choisis pour constituer les réduits).

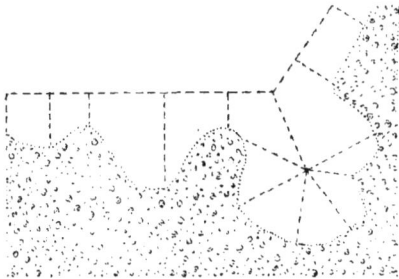

Fig. 131.

Lisière d'un bois. — Le moyen le plus rapide pour lever les détails de la lisière d'un bois est le procédé des coordonnées ; pour certains détails on peut employer le procédé de rayonnement (fig. 131).

En résumé, l'officier chargé de la reconnaissance d'une position à organiser défensivement fera bien de relire dans l'Instruction sur les travaux de campagne le chapitre qui a trait à l'organisation d'une position semblable à celle qu'il doit reconnaître; il lira attentivement les ordres qu'il a reçus; s'assurera, en provoquant de nouveaux ordres si cela est nécessaire, du temps qui lui est accordé et choisira en conséquence les instruments qu'il doit employer.

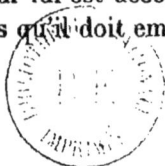

TABLE DES MATIÈRES

NANCY, IMPRIMERIE BERGER-LEVRAULT — DÉCEMBRE 1917

www.ingramcontent.com/pod-product-compliance
Lightning Source LLC
Chambersburg PA
CBHW071854200326
41519CB00016B/4379